北京市科学技术协会科普创作出版资金资助项目

我是工程师科普丛书

运筹有术

当工程师遇到运筹学

李柏姝　罗丹青　魏瑜萱 / **编　著**

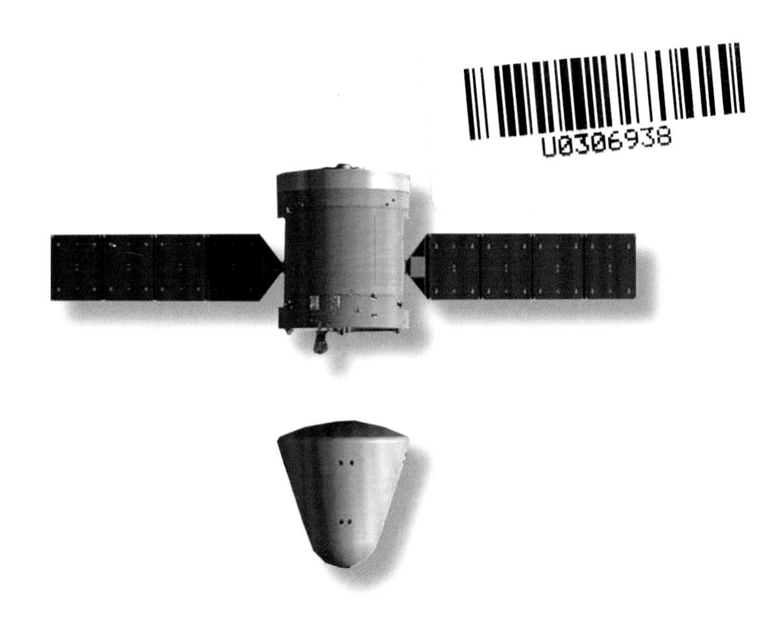

机械工业出版社
CHINA MACHINE PRESS

随着经济发展与科技进步，解决工程实际问题的有效方法也变得更加系统化和多元化，要求相关人员既要懂“物理”，又要明“事理”，并能够将二者有机地结合起来。工程师群体的知识结构往往偏重于“物理学”方面，而对于“事理学”的规律和方法则认识不足，这极大地制约了他们在应对各种复杂问题时的思维空间，阻碍了创造能力的发挥。

运筹学是一门用数学语言描述的“事理学”，蕴含了丰富的人类思想精华，也凝结了高度的人类智慧，正日益成为各行各业人们之间进行沟通与交流的通用数学语言。工程师学好和用好运筹学对于创造性地解决各类复杂的工程实际问题具有不可估量的重要意义。

为了帮助广大工程师群体充分理解运筹学的基本内涵和应用价值，并树立学好和用好运筹学的信心，本书以科普的方式围绕工程师为什么需要学习运筹学、学习什么以及如何运用运筹学等三个方面进行阐述，旨在引导工程师能够不断拓展思维空间，并积极探索“物理”与“事理”不断融合的有效途径。本书既可以作为运筹学的科普性读物，也可以作为高等院校通识性课程的教材。

图书在版编目（CIP）数据

运筹有术：当工程师遇到运筹学 / 李柏姝，罗丹青，魏瑜萱编著. —北京：机械工业出版社，2021.3

（我是工程师科普丛书）

北京市科学技术协会科普创作出版资金资助项目

ISBN 978-7-111-30303-9

Ⅰ.①运… Ⅱ.①李…②罗…③魏… Ⅲ.①运筹学－普及读物 Ⅳ.①022-49

中国版本图书馆CIP数据核字（2021）第121431号

机械工业出版社（北京市百万庄大街22号　邮政编码100037）
策划编辑：李　楠　责任编辑：李　楠
责任校对：李　伟　责任印制：李　楠
北京宝昌彩色印刷有限公司印刷
2021年8月第1版第1次印刷
169mm × 225mm · 10.5印张 · 141千字
标准书号：ISBN 978-7-111-30303-9
定价：68.00元

电话服务
客服电话：010-88361066
010-88379833
010-68326294

网络服务
机　工　官　网：www.cmpbook.com
机　工　官　博：weibo.com/cmp1952
金　书　网：www.golden-book.com
机工教育服务网：www.cmpedu.com

丛书序

PREFACE

回顾人类的文明史，人总是希望在其所依存的客观世界之上不断建立“超世界”的存在，在其所赖以生存的“自然”中建立“超自然”的存在，即建立世界上或大自然中尚不存在的东西。今天我们生活中用到的绝大多数东西，如汽车、飞机、手机等，曾经都是不存在的，正是技术让它们存在了，是技术让它们伴随着人类的生存而生存。何能如此？恰是工程师的作用。仅就这一点，工程师之于世界的贡献和意义就不言自明了。

人类对“超世界”“超自然”存在的欲求刺激了科学的发展，科学的发展也不断催生新的技术乃至新的“存在”。长久以来，中国教育对科技知识的传播不可谓不重视。然而，我们教给学生知识，却很少启发他们对“超世界”存在的欲求；我们教给学生技艺，却很少教他们好奇；我们教给学生对技术知识的沉思，却未教会他们对未来世界的幻想。我们的教育没做好或做得不够好的那些恰恰是激发创新（尤其是原始创新）的动力，也是培养青少年最需要的科技素养。

其实，也不能全怪教育，青少年的欲求、好奇、幻想等也需要公众科技素养的潜移默化，需要一个好的社会科普氛围。

提高公众科学素养要靠科普。繁荣科普创作、发展科普事业，有利于激发公众对科技探究的兴趣，提升全民科技素养，夯实进军世界科技强国的社会文化基础。希望广大科技工作者以提高全民科技素养为己任，弘扬创新精神，紧盯科技前沿，为科技研究提供天马行空的想象力，为创新创业提供无穷无尽的可能性。

中国机械工程学会充分发挥其智库人才多，专业领域涉猎广博的优势，组建了机械工程领域的权威专家顾问团，组织动员近 20 余所高校和科研院所，依托相关科普平台，倾力打造了一套系列化、专业化、规模化的机械工程类科普丛书——“我是工程师科普丛书”。本套丛书面向学科交叉领域科技工作者、政府管理人员、对未知领域有好奇心的公众及在校学生，普及制造业奇妙的知识，培养他们对制造业的情感，激发他们的学习兴趣和对未来未知事物的探索热情，萌发对制造业未来的憧憬与展望。

希望丛书的出版对普及制造业基础知识，提升大众的制造业科技素养，激励制造业科技创新，培养青少年制造业科技兴趣起到积极引领的作用；希望热爱科普的有识之士薪火相传、劈风斩浪，为推动我国科普事业尽一份绵薄之力。

工程师任重而道远！

李培根　中国机械工程学会理事长、中国工程院院士

前　言

FOREWORD

从通俗易懂的目的出发，我们可以认为作为科学研究对象的客观世界是由“物”和“事”组成的，“物”是指独立于人的意识而存在的物质客体，“事”是指人们变革自然和社会的各种有目的的活动。由此，人的知识可分为关于“物”的知识和关于“事”的知识。对“物”的自然属性进行研究，探讨其运动与变化规律，就是广义的“物理学”，而探讨如何更好办“事”的规律与方法，则相应地可以称为“事理学”。

运筹学是“事理学”中专门研究通过定性谋划和定量分析制订最佳“办事”方案的科学，是一类可以用数学语言描述的“事理学”，其中蕴含了丰富的人类思想精华，也凝结了高度的人类智慧。

今日，我们生活在一个以信息技术为主导的技术型社会，人们之间的交流与沟通不再受限于物理上的距离，而是由数学作为媒介，沿着光纤以数字形式来实现，抽象的数学已经成为“物理”世界中人与人、人与物以及物与物之间进行沟通的幕后力量。同样的力量也已经渗透到“事理”的世界，使得人们在处理任何事务时都能够采用某种意义上最佳的事务处理模式，以实现效率或效益目标的最大化。我们无法看见这种模式，需要利用抽象的方式才能发现。在“事理”的世界中，抽象的数学同样也成为人们之间沟通的本质内容。运筹学就是研究如何运用抽象的数学方法探索这种最佳模式的科学，把运筹学作为“事理”世界中人们之间进行沟通与交流的通用数学语言已经变得越来越重要。

在人们变革自然和社会的各种实践活动中，提高效率和效益通常有两条途径，一条是技术上的各种改进，另一条是在组织、规划和运作等方面的各种改进，即把各类资源调动起来以实现效率和效益目标的最大

化。实际上，第一条途径就是基于“物理学”的科学方法，那么相应地，第二条途径就是基于“事理学”的科学方法。过去由于缺乏有效的沟通、交流与计算的手段，第二条途径很少被利用。而随着信息技术、计算技术及其工具的不断发展和普及，为第二条途径开辟了广阔的前景，而其背后所依托的计算理论和方法正是运筹学的研究范畴。

传统上，第一条途径属于工程技术人员的工作范畴，第二条途径则主要属于管理人员的工作范畴。随着自动化、信息化以及智能化水平的不断提高，两者的界限已经变得越来越模糊，两者的不断融合又进一步促使管理的精细化程度逐步加深。而且，人们所面临的问题也变得越来越多元化和复杂化，往往需要采用定量化方法进行描述和分析才能正确把握问题的实质，并且需要不同领域人员的协同作战才能有效解决。为了能够进行有效沟通和交流，各类人员掌握一种通用的数学语言是完全必要的。而运筹学则完全可以充当这样一种通用的数学交流语言的角色，它不仅能够为各类人员协同解决问题提供支撑理论和方法，也能够为各类人员之间进行有效沟通提供思维框架和思维模式。

工程师群体是各种实践活动过程中的设计者、建造者和维护者，他们的知识、经验和创造能力对于提高人类实践活动的效率和效益起到至关重要的作用。然而，由于学科设置的局限性和工作内容的制约，大多数工程师的知识结构偏重于“物理学”方面，而对于“事理学”的规律和方法则认识不足，这极大地制约了他们在应对各种复杂问题时的思维空间，阻碍了创造能力的发挥。如果广大的工程师群体能够积极弥补“事理学”知识结构和实践经验的不足，努力学习和掌握运筹学这样一种通用的数学交流语言，并在各种实践活动中自觉地把运筹学作为一个联结“物理学”和“事理学”的纽带和桥梁，对于创造性地解决各类复杂问题以及提升自身的发展空间都将具有不可估量的重要意义。

为了帮助广大工程师群体充分认识到运筹学对于解决各类工程实际

问题以及拓展思维空间所蕴含的巨大价值，并建立能够学好和用好运筹学的信心，本书将围绕工程师为什么需要学习运筹学、学习什么以及如何运用运筹学等三个方面进行阐述，它不是讲授运筹学模型和算法的教材，而是依照工程师的认知习惯和模式，以科普的方式面向工程师群体介绍运筹学的基本思想与方法。本书旨在帮助工程师充分理解运筹学的基本内涵和应用价值，培养将运筹学作为通用的数学交流语言的思维方式和思维习惯，促使工程师能够不断拓展思维空间，并积极探索“物理”与“事理”不断融合、技术与管理和谐发展的有效途径。

编　者

2020 年 9 月

CONTENTS
目录

第一部分 工程师与运筹学

第1章 什么是运筹学？

第2章 运筹学与工程实践活动相生相伴

CONTENTS

目录

第3章 当工程师遇到运筹学

第二部分 经典的运筹学方法

第4章 解决确定性问题的数学规划方法

CONTENTS
目录

CONTENTS

目录

第三部分 运筹学实践的艺术

第一部分

工程师与运筹学

随着经济发展与科技进步，寻求解决工程实际问题的有效方法也变得更加系统化和多元化，要求相关工作人员既要懂“物理”，又要明“事理”，并能够将二者有机地结合起来。工程师群体是各种工程实践活动过程中的设计者、建造者和维护者，拥有丰富的“物理学”知识和经验，如果能够积极弥补“事理学”知识结构和实践经验的不足，将对于探索“物理”和“事理”之间有效融合的机会和途径起到至关重要的作用。

运筹学，作为一门用数学语言描述的“事理学”，是人们在军事工程、管理工程以及系统工程等各类实践活动过程中，经过长期的探索、争论和实践所锤炼出来的人类智慧的结晶，正日益成为各行各业人们进行沟通与交流的通用数学语言，引导着人们在各种实践活动中实现最佳的效率和效益。如果一个工程师能够积极参与运筹学的工程实践活动，并自觉地把运筹学作为联结“物理”和“事理”的纽带和桥梁，对于他们成长为既懂“物理”又明“事理”的优秀工程师，甚至成长为兼容并包的伟大工程师，都具有不同寻常的积极意义。

为了让广大工程师群体充分认识到学习和运用运筹学的重要意义，有必要从工程实践的视角向他们展示运筹学的基本内涵、运筹学与工程实践活动之间的密切关系以及如何实现运筹学与工程实践的有机融合。这些是本书第一部分所要着重表达的内容，并将分为三章进行阐述。

第 1 章　什么是运筹学？

在前言中，为了建立对运筹学的感性认识，从“物理”与“事理”之间类比的角度出发，将运筹学看作一类可以用数学语言描述的“事理学”。而为了充分理解运筹学作为一门科学学科的基本思想和方法，还需要深入了解它的发展渊源、思维方式的独特性以及分析和解决问题的基本模式。

1.1　令人熟悉而又陌生的“运筹”

在初次接触运筹学的时候，人们往往都会根据耳熟能详的“运筹”二字进行推测，认为这门学科研究的是兵法或者谋略。在《史记·高祖本纪》中，刘邦称赞张良“夫运筹策帷帐之中，决胜于千里之外，吾不如子房”，民间关于“运筹帷幄诸葛亮，神机妙算刘伯温”的故事也广为流传。但是，我们所熟悉的这些大军事家们的神机妙算却并不是运筹学所关注的角度。如果一定要找出一个能够反映现代运筹学思想的古代案例，那么沈括运粮的故事则颇具代表性（图 1-1）。这则故事出自沈括的著作《梦溪笔谈》，而我们多数人对这个故事都很陌生。

▲ 图 1-1　宋代军事家和科学家沈括

北宋时期的军事家沈括率兵抗击西夏侵扰，由于陕北山多，军粮运输要使用很多挑夫，这样不仅费用多，而且难以载粮远行。因此，采取何种方式供应军粮，成了最迫切需要解决的问题。以往的粮草供应，通常仅凭运粮官的经验。

但为了做出正确的决定，沈括则进行了详细计算。他首先认为一个挑夫每人能够背 6 斗粮，一个士兵可以自己携带 1 斗粮，并假设人均每天吃粮 2 升（即 0.2 斗）。下面是他的计算过程和结果：

如果一个士兵配一个挑夫，那么，一共 (6+1) 斗粮供给两个人吃，(6+1) ÷ 0.2 ÷ 2=17.5（天），即最多可以行军 18 天，如果计算回程，则只能进军 9 天。

如果一个士兵配两个挑夫，则最多可以行军 26 天：3 人行军，每天吃粮 0.6 斗，一个挑夫的粮食可供 3 人吃 10 天，挑夫的粮食吃完了，没有必要继续跟随，即刻遣回；挑夫返回也是要吃粮的，还要带上“盘缠”；于是行军至第 8 天，3 人吃掉了 0.6 × 8=4.8（斗），某个挑夫还剩 1.2 斗粮，令其返回；其余一个士兵、一个挑夫继续行军，2 人还有 7 斗粮，7 ÷ 0.4=17.5（天），两人还可行军 17.5 天，加上前面的 8 天，约等于 26 天。如果计算回程，只能进军 13 天。

如果一个士兵配 3 个挑夫，则最多可以行军 31 天：前 6.5 天，4 人吃粮，每天 0.8 斗，吃掉了 0.8 × 6.5=5.2（斗）；某个挑夫剩余 0.8 斗粮，够吃 4 天，将其遣回；剩余 3 人继续行军，每天吃粮 0.6 斗，又过了 7 天，吃掉 4.2 斗，某个挑夫剩余 1.8 斗粮，将其遣回。剩余 2 人，7 斗粮，可继续行军 17.5 天，共计行军 31 天。如果计算回程，只能进军 16 天。

在以上的计算中，每个挑夫背 6 斗粮只是个总计方法，其中队长不背东西，打柴汲水的人背负减半，多出斤重部分平摊给众民夫，更有死亡疾病不能背粮的，他们应负的重量，又平均分摊，那么每个人所负的重量常常不止 6 斗。因此军中不容许多余的饭口，一个多余的人吃饭，就要两三个人供应他，还有可能供不够。三个人供一个士兵吃用，已为最大极限。如果兴兵十万人，管护辎重的有三分之一，能够战斗的士兵只有七万人，而运粮的民夫要用三十万人，此外很难再增人了。

如果以牲畜运粮，骆驼可以负 30 斗，马、骡 15 斗，驴 10 斗，相比于以人运粮，虽然负多费少，但如果不按时喂草，牲畜多会死亡，一个牲口死掉，它驮负的粮食也得扔掉，相比用人背扛，有利有弊，利害均半。

沈括认为，自运军粮花费颇大且难以远行，因此夺取敌军的粮食至关重要。最后做出了从敌国就地征粮以保障前方供应的重要决策，从而减少了后勤人员的比例，增强了前方作战的兵力。

沈括以科学家的思维方式，定量分析了不同人员配比条件下的行军天数，同时也分析计算了用牲畜运粮与人力运粮之间的利弊，将后勤供应上升为科学，为制订正确的作战决策提供了最具说服力的依据。

与民间关于张良、诸葛亮和刘伯温的各种神机妙算的故事不同，沈括运粮的故事所展示的运筹帷幄则表现为一系列看似枯燥的数学运算公式，而这绝不是文学家们所喜欢的写作题材，因此他的故事很难被人们所熟知。

虽然运筹学思想可以追溯至古代，但作为一门科学，运筹学诞生的时间却并不长，而且具有军事渊源。

在第二次世界大战初期，当时迫切需要解决各种与军事作业和资源配置相关的战略与战术问题，所以英国及随后美国的军事管理当局都号召大批科学家运用科学手段来处理这些问题，这些科学家小组被认为是最早的运筹学小组。

第二次世界大战期间，这些运筹学小组成功地解决了雷达信息传递、护航和反潜作业管理、布雷问题、运输问题、轰炸问题等许多重要的作战问题，为反法西斯战争的胜利做出了重要贡献。战争结束后，英国军方的一份总结报告中曾写道："这种由资深科学家进行的、改善海军技术和物资运作的科学方法，被称为运筹学……和以往的历次战争相比，这次战争更是新的技术策略和反策略的较量……我们在几次关键战役中加快了反应速度，运筹学使我们赢得了胜利。"美国国防部则认为打

赢战争不能仅靠更勇敢、更自由和受到上帝更多的青睐，如果被击落的飞机比对方少 5%，消耗的油料低 5%，步兵的给养多 5%，而所付出的成本仅为对方的 95%，往往就会成为胜利方。这些理念通常不容易成为战争题材的影片所要表现的主题，因而不容易被人们所熟知，却是战争的真实写照。

第二次世界大战结束后，运筹学小组在战争中获得的成功引起了军事行业以外的其他行业的极大兴趣和广泛关注。一方面，当战后的工业恢复繁荣时，由于组织内与日俱增的复杂性和专门化所产生的问题，使人们认识到这些问题基本上与战争中所曾面临的问题类似，只是具有不同的现实环境而已。另一方面，运筹学小组里的科学家也陆续回到各自单位工作，但他们仍保持联系和活动，并致力于推广他们的研究成果。这样，两方面需求的结合，使得运筹学很快就渗透到各行各业，如制造业、运输业、建筑业、通信业、金融业、卫生保健、军事领域和公共服务业等。随着研究和应用的不断深入，逐渐形成了一套比较完备的理论和方法。世界上不少国家都先后成立了致力于该领域及相关活动的专门学会，并出版运筹学期刊和著作，1959 年成立了国际运筹学联合会（IFORS）。

运筹学的第一本著作是美国战时运筹学小组的科学家莫尔斯（P.M.Morse）（图 1-2）和金博尔（G.E.Kimball）在 1946 年所著的《运筹学方法》（The Methods of Operations Research）。它开始不是摆在书店里，而是存放在美国保密局的铁皮柜里，因为美国人将其当成了“国之利器”，1951 年才得以公开出版。

▲ 图 1-2　P.M.Morse

钱学森等前辈深知运筹学的价值，将其引入了国内，先是在中国科学院力学所设立运筹学研究室，后来转到数学研究室。运筹学在英国称为Operational Research，在美国称为Operations Research，意为“作业研究”，为了便于普及和推广，1957年我国学者借用《史记·高祖本纪》刘邦称赞张良所用的“运筹”二字，将其正式译为“运筹学”，不仅生动地反映了其军事渊源，而且非常贴切地传达了这门学科“运心筹谋，策略取胜”的内涵，体现了翻译“信、达、雅”的最高境界。“运筹学”的译名出现以后，得到华人世界的广泛认同。

我国于1980年成立中国数学会运筹学分会，1982年加入IFORS，1991年，中国运筹学分会脱离中国数学会成为独立的一级学会，于1999年8月组织了第15届IFORS大会。20世纪60年代以来，华罗庚、许国志等老一辈数学家致力于在中国推广运筹学，为运筹学的普及和深入开展做出了不可磨灭的贡献。

运筹学作为一门学科，来源于实践，并在实践中得到验证和不断发展。如果我们能够像熟悉文学作品中的“运筹”故事一样，也能够对运筹学这门学科如数家珍，并且在学习、工作和生活中能够活学活用，那么我们普通人也可以做到“运筹帷幄之中，决胜千里之外”。

1.2 “运筹”的思维模式

第二次世界大战期间所组织的运筹学小组以成功地解决了许多重要作战问题而引起广泛关注，但他们中的大多数人员都是自然科学家，对作战知识的理解肯定不及军事专家，他们却能解决复杂的作战问题。这表明他们一定具有某些独特的思维智慧，能看到军事专家们无法看到的问题，通过下面的一个案例我们可以体会到其中的要点。

第二次世界大战初期，德军潜艇扼制大洋隘口，攻击英国运输船队，几乎阻断了英军的补给线。于是，英国空军海防总队受命攻击德军潜艇。最初英军使用普通的炸弹，由于这种炸弹是在水面上爆炸的，即使击中了潜艇的甲板，也很难击穿其耐压船壳，收效甚微。所以，英军决定改用深水炸弹（图 1-3）。这种炸弹保证在水面以下爆炸，这样对潜艇舱室的破坏性就会大得多。

然而爆炸深度多少为宜？这个问题困扰了英军很久。有若干空军中队认为，潜艇一般是潜在水下，所以应该把炸弹确定在 150ft（1ft=0.3048m）的深度下爆炸。但很快他们就发现这个深度是不合理的，因为在这个深度上无法判断潜艇的位置，而能够判定位置时则不应是这样的深度。于是就把深度减为 50ft，但是命中率依然不尽如人意。因此，军方希望能够获得运筹学小组的帮助。

运筹学小组认真研究了这一问题，认为确定爆炸深度的最终目的是最大限度提高攻击潜艇的命中率，所以应当跳出单纯考虑炸弹爆炸

▲图 1-3　飞机投掷深水炸弹攻击潜艇

深度的思维局限，而应将飞机、炸弹和潜艇作为一个系统化的整体进行考虑。他们认为解决问题的着眼点在于明确：在飞机投掷炸弹的一瞬间，潜艇所处的状态是怎样的，并提出在该情形下潜艇状态存在两种状况：A. 仍处在水上；B. 已经下潜。他们进一步指出，A 状况下投弹，命中率最高，但 50ft 的爆炸深度不合适，试想：炸弹下落的同时潜艇下沉，两者交会的深度肯定不到 50ft；B 状况下，或许 50ft 的深度是合适的，但潜艇不一定垂直下潜，很可能边沉边跑，不知其逃往何方，命中率是很低的。因而他们提出确定爆炸深度只能基于 A 状况，不能基于 B 状况。

接下来，运筹学小组展开了进一步分析，认为解决问题的关键点在于必须知道飞机投掷炸弹进行攻击时敌方潜艇处于 A 状况的概率有多大。因为如果这个概率很小，那么即使制定了合理的爆炸深度也不会有效提高攻击潜艇的命中率。因此，运筹学人员又进一步统计了作战状况，发现对水面潜艇的袭击占 40%，另有 10% 的情况是当飞机投弹时可以看到潜艇的一部分，即：命中率最高的 A 状况占 50%，另外命中率不高的 B 状况占 50%。

最后，他们提出了最佳决策方案：基于 A 状况，将炸弹的爆炸深度定为 25ft，并且命令飞行员只有 A 状况才实施攻击，如果潜艇已经下潜超过半分钟，就不必投弹了。这个策略实施几个月下来，攻击潜艇的命中率提高了两倍多。

从这一案例我们可以发现，运筹学小组的成功很大程度取决于他们的思维智慧。他们首先跳出单纯考虑爆炸深度的思维局限，把最大限度提高攻击潜艇的命中率作为解决问题的目标，这样的最大化目标促使他们能够从系统化和全局化视角在更大的视野下审视问题。通过建立飞机、炸弹和潜艇状态的整体性认识，能够发现提高命中率的着眼点在于区分在飞机投掷炸弹的瞬间潜艇所处的两种状态，即水上和水下。如果潜艇

在水下，则没有把握，可以放弃攻击；如果潜艇在水上，把握大，选择攻击，而针对这种情况测算爆炸深度就变得很容易了。运筹学人员并没有止步于此，他们意识到实现最大命中率的关键点在于必须明确攻击时潜艇在水上的概率有多大，为此，运筹学人员进一步利用数学统计方法对两种状态发生的概率进行了估算，从而为最终确定攻击方案提供了关键性依据，并使得攻击潜艇的命中率成为可以预测的目标。

这种为了找到最佳方案而采用系统化视角探索问题全貌以及利用数学分析方法揭示问题本质的方式正是运筹学思维模式的主要特征，体现了高度的人类思维智慧，可以帮助我们洞见在事物混沌和嘈杂的表象之下所隐含的秩序和逻辑，引导我们对事物进行更透彻的考量，从而做出最有利的决策。

1.3 运筹学是运用数学语言表达的人类智慧

以上主要从战争渊源的角度出发，介绍了运筹学思维方式的主要特征。然而，源于作战问题研究的运筹学早已渗透到国民经济的各行各业，并逐渐发展成为一门科学学科，在经济与科技的发展过程中发挥着越来越重要的作用。那么，现代运筹学到底是一门怎样的学科呢？为了便于工程技术人员的理解，下面选取一个与工程实际密切相关的运筹学实例进行说明。

某建筑公司要制作 100 套三脚架，每套需要长 2.9m、2.1m 和 1.5m 的钢筋各一根，原材料只有长 7.4m 一种规格。那么，应如何切割，才能使所用的原材料最节省呢？

这是一个合理下料问题。最直接的方法就是在每根 7.4m 的原材料上截取 2.9m、2.1m 和 1.5m 的钢筋各一根，这样，每根原材料都剩下 0.9m 的料头无法利用，因此，为做 100 套架子要用原材料 100 根，料头总长 90m。显然，这种按单套三脚架的用料需求进行切割的方法是不节省的。

最省料的方法应当以制作 100 套三脚架的总体需求作为出发点，通过混合使用各种切割方案达到省料的目的，即采用套裁的方法。表 1-1 列出了 6 种比较省料的切割方案，并按所剩料头长度依次排列。例如，第 I 种切割方案是在原材料上切割 1 根 2.9m 长的钢筋和 3 根 1.5m 长的钢筋，所剩料头长为 0。当然，还有其他一些切割方案，但因为料头过长，所以没有实际意义。

表 1-1　切割方案

用料需求	下料数					
	Ⅰ	Ⅱ	Ⅲ	Ⅳ	Ⅴ	Ⅵ
2.9m 钢筋	1	2	—	1	—	1
2.1m 钢筋	—	—	2	2	1	1
1.5m 钢筋	3	1	2	—	3	1
合计料长 /m	7.4	7.3	7.2	7.1	6.6	6.5
料头长度 /m	0	0.1	0.2	0.3	0.8	0.9

获得最节省的套裁下料方案就是要确定按每种方案切割的原材料的根数，最终目标是使料头的总长最小。而解决这一问题必须通过数学分析方法。为此，设按第Ⅰ种方案切割的原材料根数为 x_1 根，方案Ⅱ用 x_2 根，方案Ⅲ用 x_3 根，方案Ⅳ用 x_4 根，方案Ⅴ用 x_5 根，方案Ⅵ用 x_6 根。

问题目标是使料头总长最小，就是要使（$0.1x_2+0.2x_3+0.3x_4+0.8x_5+0.9x_6$）最小，即：$\min z=0.1x_2+0.2x_3+0.3x_4+0.8x_5+0.9x_6$。

这一目标的实现必须满足每种长度的钢筋数量不少于 100 根的约束条件，根据表 1-1 的数据可以列出约束条件为：

$$
\text{s.t.}\begin{cases} x_1+2x_2+x_4+x_6 \geqslant 100 \\ 2x_3+2x_4+x_5+x_6 \geqslant 100 \\ 3x_1+x_2+2x_3+3x_5+x_6 \geqslant 100 \\ x_j \geqslant 0 \quad j=1,2,\cdots,6 \end{cases}
$$

这样，原问题就转化为一个数学问题，即如何在一组线性方程的约束下，求一个线性目标函数的最优值。

在实际工作和生活中，我们还会遇到很多同类的问题，而这一类问题的普遍特征是如何在特定的约束下对有限的资源进行最合理的规划利用，因此可以将其称为规划问题。另外，所建立的数学模型的共同特征是目标函数和约束条件都是线性的，因此又将这类规划问题称为线性规划问题。线性规划的一般模型通常表示为：

$$\max\ (\text{或}\ \min)\ z=c_1x_1+c_2x_2+\cdots+c_nx_n$$

$$\text{s.t.}\begin{cases} a_{11}x_1+a_{12}x_2+\cdots+a_{1n}x_n\leqslant(\text{或}=,\geqslant)\ b_1\\ a_{21}x_1+a_{22}x_2+\cdots+a_{2n}x_n\leqslant(\text{或}=,\geqslant)\ b_2\\ \quad\vdots\\ a_{m1}x_1+a_{m2}x_2+\cdots+a_{mn}x_n\leqslant(\text{或}=,\geqslant)\ b_m \end{cases}$$

经过不断的探索与实践，已经形成了求解一般线性规划问题的程序化算法，其中应用最普遍的算法是单纯形法。利用单纯形法对上述问题进行求解，得到的最优下料决策方案为：按方案Ⅰ下 30 根，按方案Ⅱ下 10 根，按方案Ⅳ下 50 根，即只需 90 根原材料就可以制造出 100 套钢筋架子来，而所剩料头为 11m。

有关线性规划问题的建模、求解和应用的研究构成了运筹学中的线性规划分支，这一理论方法被推广应用于解决生产组织和计划过程中的各类实际问题。例如：最佳地利用原材料和燃料，合理地分配机床和机械的作业，最大限度地减少废料，有效地组织货物运输等。其他的运筹学分支主要包括非线性规划、整数规划、目标规划、动态规划、图与网络分析、存储论、排队论、决策论、博弈论等。

运筹学有广阔的应用领域，它已渗透到诸如服务、搜索、人口、对抗、控制、时间表、资源分配、厂址定位、能源、设计、生产、可靠性等各个方面。在这些领域，运筹学已形成了大量标准化模型和有成功经验的模型，这些模型凝结了前人的大量心血和创造性劳动，在解决实际问题过程中，充分利用这些标准化模型以及借鉴并发展有成功经验的模型既可以帮助我们节约劳动，又可以进一步丰富运筹学的理论和方法。

由于运筹学的应用范围非常广泛，在不同的应用领域都产生了有针对性的定义，目前还没有形成关于运筹学的统一定义。但普遍认为，运筹学是近代应用数学的一个分支，主要是将军事、生产、服务及其管理等事件中出现的一些带有普遍性的运筹问题加以提炼，并构建一个能够描述问题本质的数学模型，然后利用数学方法进行解决。运筹学强调最优决策，而最优决策目标的实现则必然驱动决策者从系统化的全局视角出发去寻求最佳的行动方案，所以它也可看成是一门优化技术，提供的是解决各类问题的优化方法。

运筹学模型和方法是不同领域的研究人员和实践者们经过长期的探索、争论和实践所锤炼出来的人类智慧的结晶，并利用凝练的数学语言进行了描述，可以说，运筹学是运用数学语言表达的人类智慧。在运筹学的学习和应用过程中，如果我们能够不断还原其中所凝结的人类智慧，不断领悟其中所蕴含的人类思想精华，在长期潜移默化的影响下，我们就能逐渐形成一种运筹学思维模式和思维习惯，而这正是我们学习运筹学的真正价值所在。

第2章 运筹学与工程实践活动相生相伴

从诞生到发展的全过程看，运筹学始终与工程实践活动相生相伴。工程技术人员如果能够充分了解到这一点，对于建立学好和用好运筹学的信心将具有重要意义。因此，有必要从不同角度进一步展现运筹学与工程实践活动之间的密切关系，以下将从三方面进行阐述。

2.1 运筹学起源于军事工程实践活动

20世纪30年代，德国内部民族沙文主义和纳粹主义日渐抬头，以希特勒为首的纳粹势力夺取了政权，制订了以战争扩充版图、以武力称霸世界的构想，并着手为发动战争进行准备，欧洲上空战云密布。英国海军大臣温斯顿·丘吉尔反对主政者的“绥靖”政策，认为英德之战不可避免，而且已日益临近。他在自己的权力范围内做着迎战德国的各项准备工作，其中非常重要和卓有成效的一项工作是英国本土防空准备。

1935年，英国科学家沃森·瓦特（R.Watson-Wart）发明了雷达，丘吉尔敏锐地认识到它的重要意义，并下令在英国东海岸的波德塞（Bawdsey）建立了一个秘密的雷达站。当时，德国已拥有一支强大的空军，起飞17min即可到达英国。在如此短的时间内，如何预警以及如何做好拦截，甚至在本土之外或海上拦截德机，就成为困扰英军的难题。雷达技术帮助了英国，在当时的演习中已经可以探测到160km之外的飞机。但随着雷达性能的改善和配置数量的增多，出现了来自不同雷达站的信息以及雷达站与防空作战系统之间的协调配合问题。1938年7月，波德塞雷达站的负责人罗伊（A.P.Rowe）提出进行防空作战系统运行的研究，并用“operational research”一词作为这方面的描述，直译为“作业研究”，这就是运筹学这个名词的起源。

1939年，由曼彻斯特大学物理学家、英国战斗机司令部科学顾问、战后获诺贝尔奖的布莱克特（P.M.S.Blackett）（图 2-1）为首，组织了一个包括两名数学家、两名应用数学家、一名天文物理学家、一名普通物理学家、三名心理学家、一名海军军官、一名陆军军官及一名测量人员的研究小组，专门对防空系统存在的问题进行研究。这个小组被认为是世界上第一个运筹学小组，由于角色杂陈，被戏称为“布莱克特马戏团”。小组针对将雷达信息传送给指挥系统及武器系统的最佳方式以及雷达与防空武器的最佳配置等问题进行了系统的研究，并获得了成功，从而极大提高了英国本土防空能力，在不久以后对抗德国对英伦三岛的狂轰滥炸中，发挥了极大的作用。“二战”史专家评论说，如果没有这项技术及研究，英国就不可能赢得这场战争，甚至在开始就被击败。

▲ 图 2-1　P.M.S.Blackett

波德塞雷达站的研究是运筹学的起源与典范，项目巨大的实际价值、明确的目标、整体化的思想、数量化的分析、多学科的协同、最优化的结果以及简明朴素的表达，都展示了运筹学的本色与特色，使人难以忘怀。

1941 年 12 月，布莱克特以其巨大的声望，应盟国政府的要求，写了一份题为“Scientists at the Operational Level”（即作战位置上的科学家）的简短备忘录，并建议在各大指挥部建立运筹学小组。这个建议迅速被采纳。据不完全统计，第二次世界大战期间，仅在英国、美国和加拿大，参加运筹学工作的科学家就超过 700 名。

1943 年 5 月，布莱克特写了第二份备忘录，题为“关于运筹学方

法论某些方面的说明”。他写道：“运筹学的一个明显特性，正如目前所实践的那样，是它具有或应该具有强烈的实践性。它的目的是找出一些方法，以改进正在进行中的或计划进行的作战的效率。为了达到这一目的，要研究过去的作战来明确事实，要得出一些理论来解释事实，最后利用这些事实和理论对未来的作战做出预测。”

布莱克特备忘录是体现运筹学思想的典型代表，这些运筹学思想起源于真实的军事工程实践活动，并在后来的各类实践活动中不断得到验证和发展，对于启发工程技术人员积极主动地运用运筹学思想和方法解决实际问题具有重要意义。

2.2 工程实践活动的科学管理方法是运筹学的发展基石

虽然目前普遍认为运筹学活动是从第二次世界大战初期的军事任务开始的，但现代运筹学的起源还是可以追溯到很多年前在某些组织的管理中最先使用科学手段的时候，而其中的典型代表当属后来被誉为科学管理之父的弗雷德里克·温斯洛·泰勒（F.W.Taylor）所做出的杰出贡献（图 2-2）。从泰勒的故事中我们可以体会到工程实践活动的科学管理方法也是运筹学的一个重要起源，并且构筑了现代运筹学的发展基石，而这对于启发工程技术人员积极探索运用运筹学思想和方法解决工程实际问题的有效途径将具有重要意义。

▲ 图 2-2 弗雷德里克·温斯洛·泰勒（F.W. Taylor）

19 世纪的最后数十年中，美国工业出现前所未有的资本积累和技术进步。但是，管理、组织、控制和发展这些工业资源的低劣方式严重阻碍了生产效率的提高，另一个问题是使劳动者潜力不能得到充分发挥。当时工人和资本家之间的矛盾严重激化，资本家对工人态度蛮横，工人生活艰苦，而资本家个人却过着奢侈的生活。工人则不断用捣毁机器和加入工会组织领导的大罢工来争取自己的权利，劳资关系的对立严重影响了企业的劳动生产率。对于如何发挥劳动力潜力的问题，有人主张使用优良机器替代劳动力，有人主张试行分享利润计划，还有一些人主张改进生产的程序、方法和体制。泰勒当时是一位年轻的管理人员和工程师，是美国工程师协会的成员，他很了解人们提出的上述一些解决办法，并在此基础上提出了他的具有划时代意义的科学管理理论和方法。

1856年，泰勒出生于美国费城一个富有的律师家庭，中学毕业后考上哈佛大学法律系，但因眼疾而不得不辍学。1875年，泰勒进入费城恩特普里斯水压工厂当模具工和机工学徒。1878年，转入费城米德维尔钢铁厂当机械工人，在该厂一直干到1890年。在此期间，由于工作努力，表现突出，很快先后被提升为车间管理员、小组长、工长、技师、制图主任，1884年担任总工程师，并在业余学习的基础上获得了机械工程学士学位。泰勒的这些经历，使他有充分的机会去直接了解工人的种种问题和态度，并看到提高管理水平的极大的可能性。

1890年，泰勒离开米德维尔，到费城一家造纸业投资公司任总经理。1893年，辞去投资公司职务，独立从事工厂管理咨询工作。此后，他在多家公司进行科学管理的实验。在斯蒂尔公司，泰勒创立成本会计法；在西蒙德滚轧机公司，泰勒改革了滚珠轴承的检验程序。

泰勒一生大部分的时间所关注的，就是如何提高生产效率。他认为，生产率是劳资双方都忽视的问题，部分原因是管理人员和工人都不了解什么是“一天合理的工作量”和“一天合理的报酬”。此外，泰勒认为管理人员和工人都过分关心如何在工资和利润之间进行分配，但对如何

通过提高生产效率从而使劳资双方都能获得更多报酬，则几乎一无所知。泰勒把提高生产率看作取得较高工资和较高利润的保证。他相信，应用科学方法来代替惯例和经验，可以不必多费人们的精力和努力，就能取得较高的生产率。

从 1881 年开始，他进行了一项"金属切削试验"，由此研究出每个金属切削工人每个工作日的合理工作量，即劳动定额。要制定出有科学依据的劳动定额，就必须通过各种试验和测量，进行劳动动作研究和工作研究。其方法是选择合适且技术熟练的工人，研究这些工人在工作中的基本操作或动作的精确序列，以及每个人所使用的工具。用秒表记录每一基本动作所需时间，加上必要的休息时间和延误时间，找出做每一步工作的最快方法，同时要消除所有错误动作、缓慢动作和无效动作，并将最快最好的动作和最佳工具组合在一起，成为一个序列，从而确定工人的劳动定额。在两年的初步试验之后，给工人制定出了一套工作量标准。金属切削试验延续了 26 年，进行的各项试验超过了 3 万次，80 多万磅的钢铁被试验用的工具切削成铁屑，总共耗费超过 15 万美元。试验获得了各种机床适当的转速和进刀量以及切削用量标准等数据资料，并得出影响切削速度的 12 个变量及反映它们之间相关关系的数学公式等，为工作标准化、工具标准化和操作标准化的制定提供了科学的依据。

1898 年，在伯利恒钢铁公司大股东沃顿（Joseph Wharton）的鼓动下，泰勒以顾问身份进入伯利恒钢铁公司，期间进行了著名的"铁锹试验"。早先工厂里工人干活是自己带铲子，铲子的大小也就各不相同，而且铲不同的原料用的都是相同的工具。那么，在铲煤沙时重量如果合适的话，在铲铁砂时就过重了。泰勒通过研究发现每个工人的平均负荷是 21 磅（1 磅 =0.454kg），他不让工人自己带工具，而是准备了一些不同的铲子，每种铲子只适合铲特定的物料，这不仅是为了使工人的每铲负荷都达到 21 磅，也是为了让不同的铲子适合不同的情况。为此他还建立了一间大库房，里面存放各种工具，每种工具的负重都是 21 磅。泰勒系统地研究了各种材料能够达到标准负载的铁锹的形状、规格以及各种原料装锹的最好方法。此外，泰勒还对每一套动作的精确时间做了研究，从而得出了一个"一流工人"每天应该完成的工作量。这一研究的成果是非常杰出的，堆料场的劳动力从 400~600 人减少为 140 人，平均每人每天的操作量从 16t 提高到 59t，每个工人的日工资从 1.15 美元提高到 1.88 美元，这一研究后来被称为"铁锹试验"（图 2-3）。

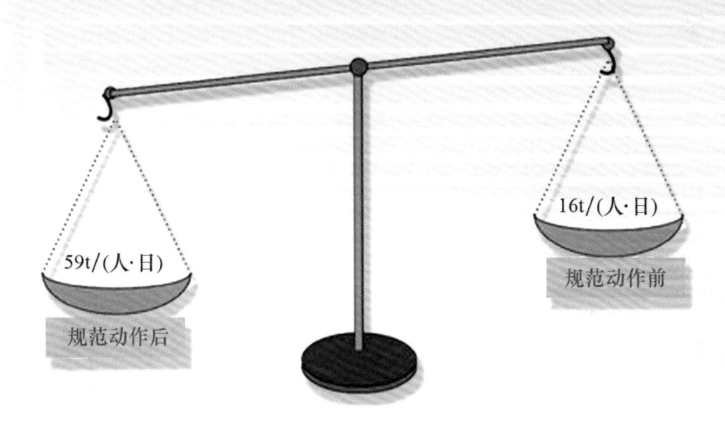

▲ 图 2–3 铁锹试验的成果

泰勒一直都相信，即使是搬运铁块这样的工作也是一门科学，可以用科学的方法来管理。1911 年，泰勒出版了重要著作《科学管理原理》，提出了科学管理理论，在美国和欧洲大受欢迎。100 多年来，科学管理思想仍然发挥着巨大的作用。

泰勒认为，科学管理是过去曾存在的多种要素的结合，他把旧的知识收集起来加以分析组合并归类成规律和条例，于是构成了一种科学。工人提高劳动生产率的潜力是非常大的，人的潜力不会自动跑出来，怎样才能最大限度地挖掘这种潜力呢？方法就是把工人多年积累的经验知识和传统的技巧归纳整理并结合起来，然后进行分析比较，从中

找出其具有共性和规律性的东西，然后利用上述原理将其标准化，这样就形成了科学的方法。用这一方法对工人的操作方法、使用的工具、劳动和休息的时间进行合理搭配，同时对机器安排、环境因素等进行改进，消除种种不合理的因素，把最好的因素结合起来，这就形成一种最好的方法。

从上述泰勒致力于科学管理实践与研究的经历中，可以看出泰勒研究生产作业管理的思想和方法蕴含了最优化思想和定量化方法。这些思想和方法蕴含着运筹学作为一门科学的基本特征，为运筹学方法能够从作战研究快速渗透到生产管理领域奠定了坚实的基础。

2.3　系统科学开拓运筹学的前行之路

前面已经指出，运筹学思维模式的一个主要特征是为了找到最优方案而需要从系统化视角探索问题的全貌，这反映了运筹学与系统思想和方法之间的渊源和密切关系。

系统思想是指人们在长期的社会实践中逐渐形成的把事物的各个组成部分联系起来、从整体角度进行分析和综合的思想。这种思想由来已久，我国古代就有很多用系统思想处理实际问题的实例，《梦溪笔谈》记录的“丁谓修皇宫”的故事就是其中的一个典型范例。

北宋真宗时期，皇宫失火，丁谓主持修复。其中清理废墟、取土烧砖、运输建筑材料是三大主要工程，在当时的交通技术情况下，这些工作是相当繁重的。为了在最短的时间内，用最少的劳动消耗修复皇宫，丁谓提出一个一举三得的方案：在皇宫前大道挖沟取土烧砖，解决了取土烧砖问题；引汴河水入沟，由汴河从水路运入木材、石料等建筑材料，解决运输建筑材料问题；修好皇宫后，把碎砖废瓦等回填入沟，修复原来的大道，解决清理废墟问题。该方案的三个环节环环紧扣，缺一不可，真可谓“一举而三役济”“省费以亿万计”，又快又省地完成了重建皇宫的任务。这一举三得的施工方案正是系统思想的智慧结晶，也是运筹学所着重强调的最优化和系统化思想的具体体现（图 2-4）。

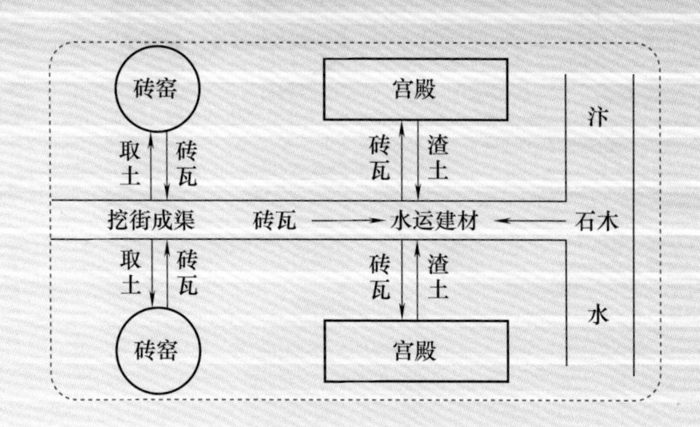

▲ 图 2-4　丁谓修皇宫示意图

系统思想古已有之，但系统科学和系统工程的诞生却是近几十年来的事。随着科学技术的迅速发展和生产规模的不断扩大，迫切地需要发展一种能有效地组织和管理复杂系统的规划、研究、设计、制造、试验和使用的科学和技术，即系统科学和系统工程。“曼哈顿计划”是美国研制第一颗原子弹的计划，被认为是系统工程成功的起点。

1937 年 2 月，纳粹德国执行了“铀计划”。1941 年末，“珍珠港事件”后，美国参加了第二次世界大战，与纳粹德国宣战。一些美国科学家提议要先于纳粹德国制造出原子弹。美国陆军部于 1942 年 6 月开始实施利用核裂变反应来研制原子弹的计划，亦称“曼哈顿计划”（Manhattan Project），罗斯福总统赋予这一计划以“高于一切行动的特别优先权”。该工程集中了当时西方国家（除纳粹德国外）最优秀的核科学家，动员了 10 万多人，历时 3 年，耗资 20 亿美元（图 2-5）。于 1945 年 7 月 16 日成功地进行了世界上第一次核爆炸，并按计划制造出两颗实用的原子弹，整个工程取得圆满成功。

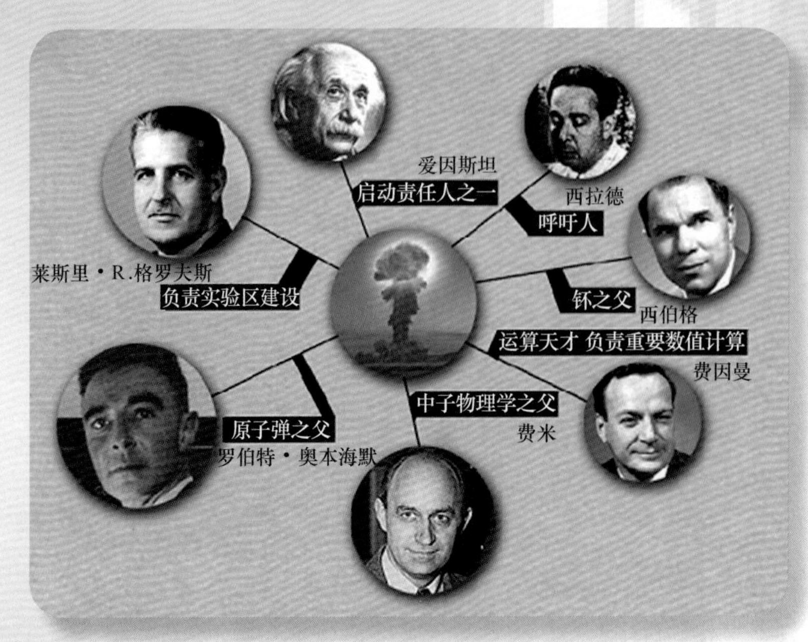

▲ 图 2–5 “曼哈顿计划”重要人员名单

组织这么多人，进行这种史无前例的工作是很困难的。在工程执行过程中，负责人莱斯里 · R. 格罗夫斯将军（Leslie R.Groves）和罗伯特 · 奥本海默（Julius Robert Oppenheimer）应用了系统工程的思路和方法，大大缩短了工程所耗时间。例如，在生产原子弹燃料这一中心项目上，奥本海默组织大家研究讨论，提出了六种方案，经过激烈的讨论，相持不下。他确定了一个原则，首先要保证按时完成任务，其他皆是次要的。因此他根据可靠性理论中可靠性低的元件可组成可靠性高的系统的原理，决定六种方案同时试验，结果按时得到了生产原子弹所需的铀。这说明奥本海默在组织这项计划时，时刻从系统的总目标出发来处理问题。这一工程的成功促进了第二次世界大战后系统工程的发展。

人类社会活动不断大型化和复杂化，形成了许多庞大而复杂的系统，如管理系统、工业系统、服务系统、生态系统等。这些系统的共同特点就是：规模越来越大，结构越来越复杂；需要从性能、成本、可靠性、环境友好性等多方面进行综合评价；不确定性越来越大与精确性要求越来越高的矛盾日益加深；信息的作用越来越强，需要处理的信息量越来越大；解决问题需要多学科协同参与等。系统科学就是为了处理复杂系统而产生的一门工程技术学科，它不仅定性，而且定量地为系统的规划与设计、试验与研究、制造与使用以及管理与决策提供科学方法，它的最终目的是使系统运行在最优状态。运筹学作为一门应用数学，具有强调从全局化和最优化视角出发解决问题的特点，因此，系统工程将运筹学作为其背后的数学理论，能够为其提供科学的定量化方法。

“阿波罗计划”（图 2-6）是美国从 1961 年到 1972 年组织实施的一系列载人登月飞行任务，目的是实现载人登月飞行和人对月球的实地考察，为载人行星飞行和探测进行技术准备。它是世界航天史上具有划

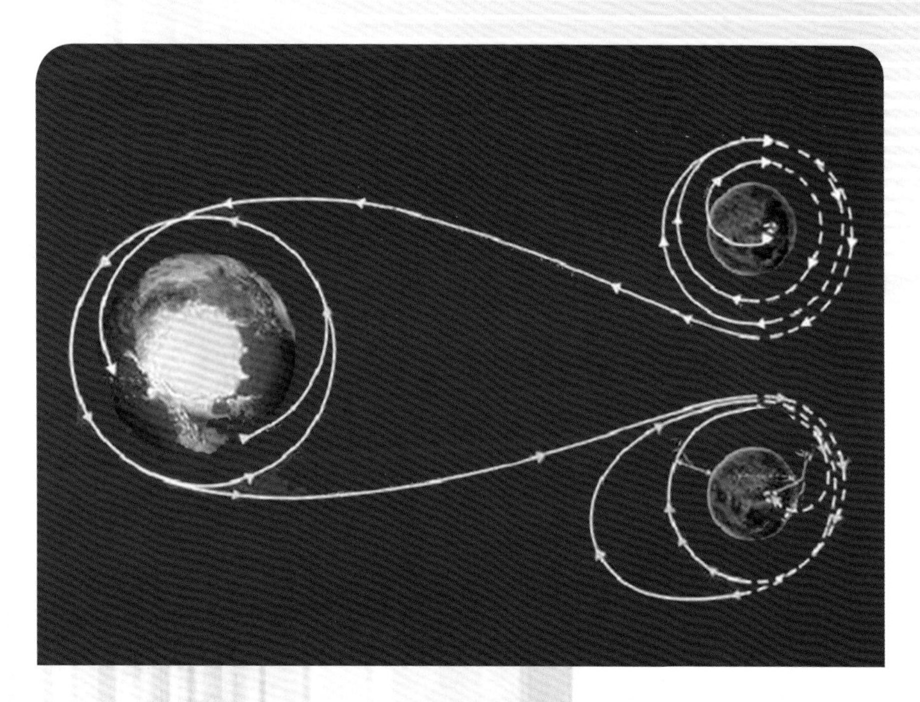

▲ 图 2–6　“阿波罗计划”示意图

时代意义的一项成就，也是美国继“曼哈顿计划”“北极星计划”之后，在大型项目研制上运用系统工程的又一个成功实例。“阿波罗计划”的全部任务分别由地面、空间和登月三部分组成，是一个复杂庞大的工程计划。它不仅涉及火箭技术、电子技术和冶金、化工等多种技术，还需要了解宇宙空间的物理环境以及月球本身的构造和形状。完成这个计划，除了要考虑各部分间的配合与协调外，还要估算各种未知因素可能带来的种种影响。这项计划涉及 40 多万人，研制的零件有几百万件，耗资 3 百亿美元，历时 11 年之久。这个计划的成功，关键在于整个组织管理过程采用了系统工程的方法和步骤，而其中的很多关键环节都蕴含了运筹学的基本理论和方法，也为运筹学的应用和发展指明了方向。

在确定登月飞行方案的过程中，项目计划办公室提供了三个备选方案：① 直接飞行，使用新型运载火箭；② 地球轨道交会，使用土星运载火箭分别发射载人航天飞行器和液氧贮箱；③ 地球轨道交会，使用土星运载火箭一次发射载人航天飞行器和登月舱。通过对三个方案分别在技术因素、工作进度、成本费用和研制难易度等方面的量化分析，结果认为第三个方案能确保在最短时期内，最经济地完成“阿波罗计划”的全部目标。这一决策过程是运筹学最优化思想以及决策理论和方法的体现。

在项目的计划和管理工作中，“阿波罗计划”采用了“工作细分结构”的方法，把整个计划由上而下逐级分成项目、系统、分系统、任务、分任务等 6 个层次，并确定了计划的所有分支细目及其相互关系，从而能够明确哪个部门负责什么工作，保证所有分支细目都包括在工作进度内，而且把预算要求、实际成本费用与具体工作成果三者联系起来。这一方法不仅为管理人员把整个计划的进度、财务和技术三方面的要求连成一个整体提供了共同的基础，而且也为有效绘制计划评审网络图提供了基础。为了明确工程进度的要求，“阿波罗计划”采用了计划评审技术，以形成各主承包商与政府之间的进度管理系统。在上述工作过程中所运用的计划评审网络图和计划评审技术则是运筹学的一项重要方法。

“阿波罗计划”的总指挥韦伯指出，当前科学技术的发展有两种趋势，一种是向纵深化方向发展，学科日益分化；另一种是向整体化方向发展，进行横向整合。“阿波罗计划”中没有一项新发明的自然科学理论和技术，都是现成科学技术的运用，关键在于整合，整合是最大的科学，系统工程就是指导整合研究的理论和方法。这段话指出了系统工程对于有效促进科学技术进步的重大意义。系统工程的发展离不开运筹学等基础学科的支撑，因而也表明了系统工程应当成为推动运筹学不断发展的重要力量，而这种力量也能够成为激励工程师学习和运用运筹学的不竭动力。

第3章　当工程师遇到运筹学

前面两章的阐述使我们了解了运筹学的基本内涵，也理解了运筹学与工程实践活动的密切关系。下面将以实践应用的视角，通过对具体案例的分析启发工程师如何积极参与运筹学的工程实践，以及如何在工作中努力探索运筹学与工程实践有效融合的机会和途径，从而帮助广大工程师群体进一步理解学习和应用运筹学的重要意义，树立学好和用好运筹学的信心。

3.1　认清解决问题的理性途径

第二次世界大战开始后不久，德国军队绕过了“马奇诺防线”，法军节节败退。为了抗衡德国，英国派遣了十几个战斗机中队，在法国上空与德军作战。英国空军的指挥、维护均在法国进行。由于战斗损失，法国总理要求增援 10 个中队，从情感来说，英国与法国都是纳粹的受害者，法国有难，英国理应支援，因此，当时的英国首相温斯顿·丘吉尔打算批准这个议案，并准备召开内阁会议，通过内阁成员讨论后做最后决定。英国运筹学人员知悉此事后，进行了一项快速研究，并请求列席内阁会议。会上，运筹学人员指出，如果派战机前去增援，那么，按照目前的损失率、补给率计算，仅再坚持两周左右，英国的援法战机就连一架也不存在了。因为在法国的空中力量处于绝对劣势，损失率大于补给率，随着时间推移的结果是存量为零，即使再派 10 个中队，等待他们的命运依然是壮烈牺牲。运筹学人员以量化的分析，并辅以简明的图表，说服了与会高官。丘吉尔最终决定：不仅不再派遣新的战斗机中队，而且还要将在法国的英国战斗机撤回本土，以本土为基地，飞赴法国与德军作战（图 3-1）。从此，战争实力对比发生了变化，战争局面有了大的改观。

实际上，这个问题如果从一开始就征求运筹学人员的意见，首先

▲ 图 3-1　二战中的战斗机飞行中队

利用量化分析的方法揭示出问题的本质特征，并梳理出理性的决策方案，那么这个问题本身可能就不会成为一场内阁会议讨论的主题，从而避免因讨论产生情绪误导而造成重大决策失误的风险。也就是说，解决这类决策问题的理性途径应当是首先通过有效的量化分析以获取具有说服力的方案，然后再通过进一步的讨论进行决策，而不是一开始就进行充满不确定性风险的讨论。而这正是运用运筹学解决问题的基本途径。

在解决工程实际问题的过程中也存在同样的情况，下面是一个真实的案例。某公司有两台并行运行的计算机用于传输数据，其中计算机 A 是主系统，其性能较好但价格较高，而计算机 B 用作备用设备。

一旦A发生故障，B被激活并代替A工作，但激活计算机B需要经过一段时间的延迟。计算机A和B的维修均需要在外地进行，维修过程将耗时一个月。目前A和B使用时间已久，发生故障的频率随着服役时间的增加而逐渐增加，而且系统性能已经无法达到设计要求。因此，公司所急需解决的问题就是：如何才能有效改善该系统的性能呢？为此公司邀请了各方专家召开了一次会议，专门讨论如何设计改进方案。经过激烈的讨论，大家提出了许多方案，希望通过最佳的途径提高系统的性能，这些方案主要包括：

（1）设备B一直保持运行状态以消除切换延迟。

（2）用一台新的设备A代替B，因为A更加可靠。

（3）在现场增加一台设备A作为备用。

（4）在现场增加一台设备B作为备用。

（5）采用相同的系统完全取代现有系统。

（6）增加另一台设备B并使其一直处于运行状态。

每个与会者都提出了许多充足的论据来证明自己的观点，他们根据经验、直觉和对工程技术的深入了解来判断这些方案在不同指标上对系统性能可能产生的影响。经过这次讨论，第一种方法最终被采纳。但是可以证明，这实际上可能是最差的一种方案，其系统性能甚至比以前更差。与上面的派遣飞机问题一样，造成这种状况的真正原因是，这个问题不应该通过会议讨论的方式加以解决，而是应该通过数值评估和计算模拟的方法加以解决，而运筹学则能够提供有效的思想和方法。

数学是人类智慧的最高表现形式，在人类的许多实践活动中，如果不能利用数学方法对问题进行分析，就无法真正理解问题的本质，也无法实施有效的控制，进而也就无法获得解决问题的有效途径。运筹学是一门应用数学，是用数学语言描述的“事理学”，运筹学人员的智慧就在于善于运用数学分析找到揭示“事理”本质的科学方法，从而能够为人们探索解决问题的正确途径开拓有价值的视角。

运用数学分析揭示“事理”本质是运筹学人员思考问题的基本出发点，在没有运筹学这样一门科学学科作为引导的过去，人们没有系统化的数学分析理论和方法，通常仅凭经验和直觉来分析和解决问题。运筹学是人们经过长期的探索、争论和实践所锤炼出来的经验和有效方法，并利用凝练的数学语言进行了描述，我们每个人都应当有效利用这样的人类智慧结晶获得解决各类实际问题的最佳方案。

3.2 重新审视那些被忽视的问题

我们都有这样一种经验，当我们对一些有重大影响的事件进行原因分析时，会发现它们是由于我们日常所忽略问题的累积所导致的，如果再进一步地追溯，会发现这些我们所忽略问题的背后往往都隐含着不容忽视但又非常复杂的科学问题。

根据一项大致而保守的估计,欧洲所有空军维持着庞大的备件库存，而消耗在那些从未使用过的备件上的金额高达100亿~200亿美元，这笔额外资金养活了一大批备件制造商，也使负责这些备件的管理机构得以生存。显然，保留大量的备件符合这些机构的自身利益，因为只要备件充足，就不会招致抱怨，也不会引发问题，管理机构就能正常运转。备件上的消耗除了购买费用以外，还包括对备件库存进行存储、分类和维护所需的各种维持费用。过多的库存、大量的维护和频繁的检查几乎都为资源管理机构带来了可观的利益，这样，备件管理部门就会逐步成长为整个组织内一个富有活力的实体。然而，这些过多的费用最终要由纳税人缴纳税金来埋单，而纳税人往往不大可能知道他们的很多钱财被浪费在过多的备件上。

面对这样巨大的资源浪费，很多人在痛心疾首的同时，都不禁要问：从表面上看微不足道的备件问题为什么会导致如此严重的后果而且还不能有效地解决呢？

然而，如果反推一下，我们就能够得到这样的结论：欧洲空军任由备件问题滋生和泛滥而无能为力的状况之所以长期存在，可能从某种意义上意味着这类问题的根深蒂固和难以解决，而事实也确是如此。

备件问题的核心就是需要回答：我们到底需要多少备件？而答案无疑应当是一个确定的数字，因此，备件问题必定是一个数学问题。而人们购买并使用备件的唯一目的就是要保证系统的正常运转，因此，解决这个数学问题必然涉及如何建立起备件的数量与系统性能目标之间的定量关系，而建立这种定量关系是非常复杂的，这种复杂性主要体现在三个方面。

首先，从物理结构上看，一个系统通常由很多个部件构成，这些部件之间相互联系、相互作用，共同决定了系统的性能，因此，备件问题是一个多维的问题，它的维数取决于系统部件的数量。从物理意义上看，确定这些部件之间相互影响、相互作用的规律是非常复杂的。

其次，从系统运行角度看，系统的性能是由支持其运转的各种资源要素所共同决定的，这些资源要素主要包括系统的设计、制造、检测、维护、维修等，这些因素都会对确定备件的数量产生影响。例如，在系统设计中包含适当的冗余可以提高系统对故障的容错能力，也就是说，即使某些部件发生故障，系统依然能够正常工作，这就降低了对备件需求的紧迫性；系统的维护和备件之间是相互联系的，因为维护的最终目的就是降低系统的故障次数，从而减少所需的备件数量。然而，这些资源要素对系统性能的影响程度则取决于人为因素，比如如何确定适当的冗余度、如何制定部件已经失效不能继续使用的判断标准，都需要人为设计和决策。这些设计和决策要考虑环境变化、人为失误等各种不确定因素的影响，涉及设计者和决策者的知识、技能和经验等，而如何对这些信息进行提取和量化则是非常复杂的。

最后，备件问题还是一个动态问题，因为系统当中的部件不可避免地存在老化问题，因此其特性就会随着时间而改变，从而导致系统故障率等系统性能指标会随着时间的推移而不断发生变化。在研究系统的性能时，应该考虑到系统演化过程中的部件老化现象对系统性能的影响，而应该如何在数学模型中加入这一因素却并不是一件容易的事情，时间因素的引入使得备件问题的复杂性大大增加。

以上三点充分说明备件问题虽然从表面上看是一个小问题，但其背后却隐含着不容忽视但又非常复杂的科学问题。从科学的角度上看，解决这类问题需要研究工程系统的运行规律，需要对工程系统的性能与系统资源之间的关系进行预测并建立有效的分析模型，而这通常是很复杂的，需要视为一个重要而严肃的科学问题来谨慎对待和深入研究。

从上述分析可以看出，备件问题属于运筹学的研究范围，解决这类问题通常涉及工程系统的方方面面，需要各部门紧密的团队合作，而各级各类的工程师在其中扮演着非常重要的角色，他们是将工程系统性能目标与系统资源建立正确联系的关键，从前面针对这类问题复杂性的阐述中就可以发现这一点。但通常，大多数工程师对这类问题是视而不见的，比如生产现场中的设备工程师重点关注的是设备的维修技术，他并不关注在一定成本条件下应该准备多少备件比较合适，与设备维修技术问题相比，这类问题对于他们是微不足道的。

事实上，备件问题随处可见，只是表现形式和严重程度不同而已，比如，在日常生活中，我们可能会为了应对不时之需或者物价变化而购买了很多消耗不完的物品，有的家庭储藏间里可能经常会堆满各种闲置无用的物品，造成了很多不必要的浪费，这种浪费不仅来自于购买成本，还来自于储藏所占据的空间资源，以及整理和清洁所花费的

人工成本。如果我们选择一个比较长的时间段对我们所购置的闲置不用的物品清单进行仔细核算的话，浪费程度很可能会让我们感到吃惊，这种日常生活中的问题与欧洲空军的浪费问题如出一辙，并没有本质上的区别。

从科学角度看，获得备件问题的最佳方案涉及复杂的决策问题，需要花费很多的人力、物力和财力才能够得到有效的解决，而且备件问题通常要经过一个长期的积累过程才能显现出来。因此，在很多情况下，如果一些组织或者个人认为所产生的浪费在可承受范围之内，就没有很大的动力去解决这个问题，一般就通过采用试错法或日常经验进行简单处理。因而，这一问题就可能在人们的忽视中无声无息地逐步演化为严重的问题，欧洲空军的问题大体就属于这种情况。

然而，在某些情况下，如果备件问题决策失误的代价很高，而且消耗量又没有规律可循，那么，这个问题就会变得紧迫而让人无法忽视。

2003 年 3 月 20 日，美国以伊拉克藏有大规模杀伤性武器并暗中支持恐怖分子为由，绕开联合国安理会，单方面对伊拉克实施军事打击。因为是“海湾战争”的延续，又称为“第二次海湾战争”，到 2010 年 8 月美国战斗部队撤出伊拉克为止，这场战争持续了 7 年多（图 3-2）。在开战后不久，美国海军研究办公室和海军陆战队就遇到了一个紧迫的问题：如何有效地预测伊拉克战场的燃油需求量。

在这次伊拉克行动中，仅仅是海军陆战队的地面部队，每天就动用几十万加仑燃油，而航空部队的用量则是地面部队的 3 倍。燃油用尽的风险是绝不能冒的，因此，物流计划运输燃油保持为最大估计用量的 3 ~ 4 倍。这样为了保证绝对安全而运输过量的燃油，很快成为后勤供给的一项巨大负担。而且，燃油仓库零星分布在陆地上，为了把燃油从一个仓库运输到更远的仓库，陆战队需要每天保驾护航，这更让陆战队多了几分危险。为了保证人员的生命安全，同时又绝不

▲ 图 3-2　伊拉克战争场景

能出现燃油耗尽的情况，所以供应多少才恰到好处成为一个迫切需要解决的难题。

不难看出，伊拉克战场的燃油供应问题就是一个军事工程系统中的备件问题，其决策失误不仅涉及作战资源的浪费，而且意味着要以失去更多人员的生命为代价，因此，它的解决具有特别重要的意义，必须要严肃而谨慎地对待，而且需要采用科学有效的方法。

这些实例迫使我们必须承认，从经济的角度来看，备件问题与技术问题同样重要，在一些情况下甚至变得更加重要。事实上，备件问题只是资源相关问题之一，类似的问题还有很多。如果这些问题能够得到重

视和很好的解决，那么无论在家庭和组织范围内，还是在国家和世界范围内，都会节约大量的资源。

工程师群体是各类人工系统的设计者、建造者和维护者，他们所积累的知识和经验对系统运行规律的预测起到至关重要的作用。因此，要求工程师不仅要善于从司空见惯的现象中发现以前所忽视的问题，也要善于分析这些问题被忽视的原因到底是什么，以及解决这些问题的难点在哪里，从而找到解决问题的有效途径。

3.3　将“不可见”变为“可见”

在对事物运行和发展规律的研究上，自然科学与社会科学在研究目标上的差别是巨大的，甚至可以说代表了两个极端。自然科学的研究追求高度的准确性，例如，物理学研究中，对于物体运行所需要的能量要求能够准确地测算，而正是这种准确性才能确保运载火箭按预定轨道的运行，以及宇航员的安全返航。然而，在社会科学领域，如果要对一个人的未来进行预测，即使忽略这个人的任何社会关系，也已经超出了任何学科的能力范围。所以，任何关于这方面的研究都无法纳入主流科学的研究范围，而在民间流传的一些方法则被视为玄学。

人类设计建造的各种工程系统的运行规律通常位于自然规律和社会规律两极中间的某个位置，有些符合自然规律，有些则是人为制定的规则。而且，工程系统大多不是在实验室那样稳定的环境中运行，而是受到各种内部的和外部的随机事件的影响，环境变化、人为失误、设备老化以及其他不确定因素都会给系统造成影响。有些影响因素还是人们所未知的，而有些因素虽然已被认知，但是人们对此也是无能为力，往往只能交给运气，就如同人们无法预见和把握自己人生的命运一样。因此，工程系统的运行规律必然表现出不确定性，即使两个完全相同的系统也会有不同的“历史”和不同的事件。

对各类人工系统运行规律的研究需要融合自然科学和社会科学的研究内容和方法，涉及复杂的科学问题，而运筹学和系统工程领域则将这类科学问题作为重点关注的研究对象，试图为我们找到有效的解决方案提供科学的视角和途径。

人工系统的运行规律通常是不可见的，有一些规律隐含在系统运行过程中所表现出来的特征和数据的背后，有一些则以知识和经验的形式存在于相关人员的头脑当中，因此，需要采取科学的方法将它们提取出来。

苹果会落地，而月亮却不会掉落到地上；当我们看到飞机从头顶飞过时，却看不到任何支撑它的东西。只有通过数学，我们才能“看见”那些使月亮和飞机保持在高空中的、不可见的力。这些情形中的力被17世纪的牛顿辨别了出来，他还发展了研究它们所需要的数学理论（图3-3）。这些研究为物理学的不断发展奠定了基础，是数学把不可见的自然规律变为可见。伽利略曾说：“只有那些懂得自然是用什么语言书写的人，才能读懂自然这本巨著，而这种语言就是数学。”

▲图3-3 牛顿发现万有引力的故事

人工系统运行的复杂规律同样需要借助数学语言和工具才能表达。不同领域的运筹学研究者和工作人员致力于提供这样的数学语言和工具，帮助我们把那些不可见的复杂规律变为可见，我们需要学习和借鉴这些人类智慧结晶，从而找到解决问题的正确方向和有效方法。

上述伊拉克战场燃油供应问题的难点就在于需要从全局化角度出发研究一个军事工程系统的运行规律。当时的美国海军陆战队为此专门邀请了国际公认的知名决策分析师和风险管理专家道格拉斯·W. 哈伯德负责解决这一决策难题。从道格拉斯解决问题的方法中我们可以充分体会到应当如何将那些“不可见”的规律转化为“可见”的决策依据。

道格拉斯首先成立了包括物流工程专家、战地后勤指挥官、海军陆战队后勤计划员、计算机编程顾问等在内的运筹学小组，并很快展开了决策分析工作。

他们首先调研了关于军队燃油需求的几项研究和背景资料，发现当时海军陆战队使用的是一个相当简单的燃油需求预测模型。该模型把所有部队的所有设备，按类型分类加总，然后再减去由于维护、运输、作战等原因损失的设备，最后再确定未来 60 天里，哪些部队可能处于作战状态，而哪些部队处于防守状态。一般来说，如果一支部队处于作战状态，那么它就必须来回移动，并且消耗更多燃油。当部队进行作战时，燃油的消耗率一般会增加。海军陆战队会根据部队的设备类型和状态，计算出一个部队在各种情况下每小时的燃油消耗量，然后再算出一天的消耗量，再算出所有部队 60 天的消耗量。这种方法的准确度和精度不是很高，因为人们对燃油的估算可能会由于两个或更多因素的不同而产生很大的差异。

调研过程中，一些关键岗位人员的经验和判断对于明确问题也起到了比较关键的作用。五级准尉特里·昆尼南（Terry Kunnenian）是一个

27 岁的海军陆战队老兵，他在海军陆战队总部负责散装燃油计划，他说：“虽然我们在削减不必要的燃油消耗，在伊拉克自由行动中，我们发现所有的传统工作都做得不够到位。”路易斯·托雷斯（Luis Torres）是海军研究办公室燃油研究的领导，他也看到了同样的问题，托雷斯说：“因为我们使用的方法在评估过程中有内在错误，所以就出了问题。”

根据调研情况他们对问题进行重新定义和描述，明确了解决问题的关键就是地面部队燃油需求量的预测，而难点是如何减少影响预测精确度的各种不确定性。如果能够减少燃油需求的不确定性，那么就不需要储备这么多燃油了，同时也能确保不提高燃油耗尽的概率。为此，他们进一步分析了燃油的去向。美国陆战队装备的坦克主要是 M1 艾布拉姆斯主战坦克，每开 1/3 英里（1 英里 =1.609km）就要消耗 1 加仑（1 加仑 =3.785L）燃油，但远征部队只有 58 辆 M1，却有 1000 多辆货车和 1300 多辆悍马。因此，作战期间，货车消耗的燃油甚至是坦克的 8 倍。可见，大多数燃油并没有进入坦克的油箱，甚至没有进入一般武装车辆的油箱。

接下来，他们按照燃油去处的分类，进行了决策建模。他们建立了 3 个子模型，最大的子模型是护送模型，在护送任务中，大多数货车和悍马平均一天来回 2 次，这耗掉了绝大部分燃油。另一个子模型是战斗模型，武装的战斗车辆，比如 M1 坦克和轻型装甲车，在战斗中耗油较多。第 3 个子模型是针对所有的发电机、泵和管理车辆建立的，它们的消耗量比较稳定，也比较低，对于这组设备，利用现有的估算模型就可以满足需要。

进一步的工作是定义影响燃油需求预测的变量，一共确定了 52 个变量。在战斗子模型中，主要包括与敌人的接触概率、对作战地区的熟悉程度以及地形等，其中与敌人的接触概率被认为是影响战斗车辆耗油量的最大因素；护送子模型中的变量主要是与路况有关的变量，主要包

括铺好的路、越野路、水平路、山路、高速路以及不同海拔的道路。

这些基础工作完成之后，就进入关键的决策分析阶段了。战斗决策模型的分析主要是根据战地后勤指挥官的判断，这些指挥官都有在伊拉克自由行动中的战斗经验，而关键是如何将他们的经验转化为用于预测的可以量化的决策信息。为此，道格拉斯创建了 40 个虚拟战斗情境，让他们每人对上述每一个变量都给出对燃油消耗量的估值，并且给出不同情境下，不同类型车辆燃油消耗量的 90% 置信区间。而为了保证估值的有效性，道格拉斯根据多年从事决策分析的经验，事先对他们进行了培训。汇集所有回答之后，运用回归分析得到了每种类型车辆的燃油消耗公式。

通过对战斗模型的分析，发现影响战斗车辆耗油量的最大因素并不是和敌人接触的概率，而是该战斗部队以前是否到过某区域。当坦克指挥官对所在的环境不熟悉时，他们就会让耗油量巨大的发动机不停地运转，以便随时旋转炮塔和躲避危险，无论危险多小都会如此，因为一旦发动机停止，就没法立刻启动了。当部队不熟悉环境时，他们会选择更远但更熟悉的道路行进，因此消耗更多的燃油。他们事先应该知道一个作战部队是否去过某区域，而是否熟悉环境这一因素对燃油日消耗估计的误差可以减少大约 3000 加仑，相比之下，与敌人接触这一因素，只能减少 2400 加仑。

对于护送模型的变量分析采取了物理道路试验的方法，为此，选择了 2 种类型的 3 辆货车作为试验车辆，并分别安装了 GPS 和燃油流量表。GPS 和燃油流量表可分别记录货车的位置和燃油流量，每秒钟可以记录多次。当车辆行驶时，这些信息会连续不断地传入一台车载便携式计算机。对不同路况都进行了测试，包括铺好的路、越野路、水平路、山路、高速路以及不同海拔的道路。测试完成以后，已经有了各种路况下的 500 000 个燃油消耗数据了。运用回归模型分析了这些数据，得出了两方面的结论：首先，在所选定的 52 个变量中，不确定性最高的是路况，而且不同路况耗油量差别很大，尤其是铺好的路和越野路，耗油量差距最大。第二，因为战场情势图完全可以由卫星和无人监测飞机制作好，所以由路况的不确定性导致的误差完全可以避免，而这对于海军陆战队减少燃油需求的不确定性意义重大。表 3-1 是对路况变量的差异所做的汇总。

最后，运用蒙特卡洛模型进行了预测，并给出了各种可能结果的概率，与海军陆战队之前的估算方法相比，该结果的误差比之前减少了一半。

这个研究基本上改变了海军陆战队之前计算燃油量的方法，海军陆战队物流部门中最有经验的计划员都表示对结果感到很惊讶。五级准尉昆尼南说："让我惊讶的是大部分燃油居然消耗在了后勤补给线路上，这是物流人员 100 年可能也想不到的事情。"

表 3–1　海军陆战队远征部队各种路况变量的差异汇总

路况变量	日耗油量的差异 / 加仑
从铺好的路变为越野路	10303
平均时速提高 5 英里	4658
爬升 10m	6422
平均海拔提高 100m	751
温度提高 10℃	1075
路途增加 10 英里	8320
路途上新增一个停靠站	1980

根据海军陆战队的燃油成本统计数据，这项研究使得每支陆战队远征部队每年至少可以节约 5000 万美元。另外，燃油的减少意味着护送任务的减轻，因此，陆战队员也就会面临更少的路边炸弹和伏击的危险，这说明正确的预测方法可以拯救人的生命。

第二部分

经典的运筹学方法

为了能够有效理解运筹学研究“事理”和处理事务的基本模式，学习经典的运筹学方法是一种有效的手段，也是不可逾越的基本途径。在学习这些内容的过程中，我们能够获得利用这些已有方法解决新鲜问题的经验和技能，同时，也能够逐步理解在多学科项目团队中发挥自身优势和作用的方式和方法。

如前所述，运筹学是“事理学”中专门研究通过定性谋划和定量分析制订最佳办事方案的科学，也就是说，运筹学是研究如何进行最优化决策的科学方法。根据决策问题的性质和条件，通常可以将决策分为确定型、非确定型和竞争型三个类别。确定型决策是指为达到预定目标，在进行方案选择时，只有一种明确的状态或结果；非确定型决策是指决策者对他所面临的问题有若干种方案可以去解决，但执行这些方案将出现的事件或状态的结果具有不确定性；竞争型决策是指问题中有两个以上决策者参与，决策的结果取决于竞争各方策略的选择。因此，运筹学方法也相应地分为三类，即：解决确定性决策问题的方法、应对不确定性的决策方法以及应对竞争的决策方法。另外，运筹学中针对确定性问题的方法又可以分为两类，一类是建立数学模型的方法，即数学规划方法，另一类是建立图的模型的方法，即图与网络分析方法。

这一部分将从上述分类出发，介绍运筹学的一些经典方法。通过这些内容，我们可以清晰地了解到运筹学如何通过有效利用数学技术的优势而发展成为一门科学，也能进一步领会“运筹学是用数学语言表达的人类智慧”这一论断的内涵。

第 4 章　解决确定性问题的数学规划方法

现实世界中的很多问题都是由广义上的资源不足所引发的，几乎所有的组织和个人都会遇到如何以最佳的方式利用或分配有限资源的决策问题，如果这些问题能够使用数学模型进行描述并加以解决，就会形成科学而有效的方法，这样的方法可以统称为数学规划方法（mathematical programming）。

“规划（programming）”一词，不是指计算机程序，它实质上是“计划”的同义词。因此，也可以说，数学规划是关于如何在有限的资源约束下运用数学模型制订最优活动计划的方法。这里的活动是一个非常广泛的概念，可以包含任何生产性活动、技术性活动、经营性活动以及研究性活动等，而执行每种活动所用的资源也因特定的需要而有所不同，可以包含物质资源、能量资源、人力资源、信息资源以及时间资源等，因此，数学规划方法可以拓展到各种各样的应用场景，在各行各业都有广泛的应用。

根据数学模型的特征，数学规划方法可以分为线性规划、非线性规划、整数规划、动态规划等。其中，非线性规划与工程技术人员所熟悉的优化设计方法在内容上是一致的，因此，下面仅对其余三种方法进行阐述。

4.1　线性规划

数学模型中所有的数学函数都是线性函数的数学规划问题称为线性规划。线性规划理论的发展被认为是 20 世纪中叶最重要的科学进步之一，不仅是因为线性规划作为数学规划理论大厦的基石，是学习和应用其他规划理论的基础和起点，同时还因为其日益重要的应用价值。根据对世界上 500 家著名的企业集团或跨国公司的调查，发现其中 85% 以上曾应用过线性规划。线性规划已经成为许多商业和工业组织的标准工具，在社会各行各业发挥着非常重要的作用。

由于许多实际问题本质上是线性的，所以线性规划可以解决诸如生产计划、配料问题、运输问题、投资问题和劳动力安排等许多方面的应用问题。下面首先以一个生产计划决策问题为例来说明学习和应用线性规划方法的两个关键点，即如何建立线性规划模型和如何求解模型，然后再介绍几个线性规划的经典问题（配料问题、运输问题、投资组合问题）以拓展运用线性规划解决实际问题的思路。

1. 建立线性规划模型

某企业计划生产甲、乙两种产品，每生产一件产品甲可以获得 2 百元利润，每生产一件产品乙可以获得 3 百元利润。这两种产品都要分别在 A、B、C 三种不同的设备上加工。按工艺资料规定，每生产一件产品甲，需要占用三种设备的台时分别为 2h、4h、0h；每生产一件产品乙，需要占用三种设备的台时分别为 2h、0h、5h。由于企业生产任务繁忙，三种设备在计划期内能够被安排用于生产这两种产品的时间是有限的，分别为 12h、16h、15h。假定两种产品都十分畅销，无论生产多少都可以销售出去，那么，企业决策者应如何安排两种产品的生产计划，才能使总的利润最大？

为了清晰起见，将问题已知的数据信息总结为表 4-1。

表 4–1　企业生产计划问题的数据表

生产设备	生产单件产品所需的设备台时 /h		各设备可用台时 /h
	产品甲	产品乙	
A	2	2	12
B	4	0	16
C	0	5	15
单件产品的利润 / 百元	2	3	

这一问题是在生产设备的使用时间受到限制的情形下，如何通过安排两种产品的产量来寻求利润最大化的决策问题，需要通过建立数学模型才能解决。

令 x_1 和 x_2 表示甲乙两种产品的产量，z 为生产两种产品的总利润（百元）。因此，$z=2x_1+3x_2$。这个问题就是要通过选择 x_1 和 x_2 的值使得 z 值最大。但 x_1 和 x_2 的值受到三种设备有限的生产能力的限制，即两种产品在相应设备上的生产时间不能超过每台设备的可用台时。由于设备 A 的可用台时为 12h，有 $2x_1+2x_2 \leqslant 12$。类似的，对于设备 B，应有 $4x_1 \leqslant 16$；对于设备 C，应有 $5x_2 \leqslant 15$。

因此，这个问题可以用数学语言概括如下：

$$\max z = 2x_1+3x_2$$

$$\text{s.t.}\begin{cases} 2x_1+2x_2 \leqslant 12 \\ 4x_1 \leqslant 16 \\ 5x_2 \leqslant 15 \\ x_1 \geqslant 0, x_2 \geqslant 0 \end{cases}$$

这就是该问题的数学模型，x_1，x_2 称为决策变量。

该模型中的决策变量为可控的连续变量，目标函数和约束条件都是线性的，因此，是一个仅包含两个决策变量的线性规划问题。

上述建立线性规划模型的程序同样适用于许多其他问题，各类问题因决策变量的数量、目标的不同类型以及约束条件的不同要求可以表现为不同的具体形式，但所有的线性规划问题都可以归为以下的通用模型：

$$\max（\text{或} \min）z = c_1x_1+c_2x_2+\cdots+c_nx_n$$

$$\text{s.t.}\begin{cases} a_{11}x_1+a_{12}x_2+\cdots+a_{1n}x_n \leqslant (\text{或}=,\geqslant)\, b_1 \\ a_{21}x_1+a_{22}x_2+\cdots+a_{2n}x_n \leqslant (\text{或}=,\geqslant)\, b_2 \\ \quad\vdots \\ a_{m1}x_1+a_{m2}x_2+\cdots+a_{mn}x_n \leqslant (\text{或}=,\geqslant)\, b_m \end{cases}$$

简写形式为：

$$\max（\text{或} \min）z = \sum_{j=1}^{n} c_j x_j$$

$$\text{s.t.}\begin{cases}\sum_{j=1}^{n} a_{ij}x_j \leqslant (\text{或}=,\geqslant)\ b_i(i=1,2,\cdots,m)\\ x_j \geqslant 0(j=1,2,\cdots,n)\end{cases}$$

式中，n 表示问题涉及了多少项需要计划的活动，m 表示问题涉及了多少种资源；c_j 表示第 j 项活动的单位收入，通常称为价值系数；b_i 表示第 i 种资源的拥有量，称为约束条件右端项；a_{ij} 表示执行第 j 项活动时第 i 种资源的单位消耗量，通常称为工艺系数或技术系数。

2. 求解数学模型

在线性规划问题中，决策变量 x_1，x_2，…，x_n 的一组值称为一个解。满足所有约束条件的解称为可行解。在所有可行解中，使目标函数达到最大值（或最小值）的可行解称为最优解。这样，一个最优解能在整个由约束条件所确定的可行区域内使目标函数达到最大值（或最小值）。求解线性规划问题的目的就是找出最优解。求解线性规划问题公认的有效方法是单纯形法（simplex method），是美国数学家丹齐格（George Bernard Dantzig）于 1947 年首先提出来的。

单纯形法的理论依据是比较复杂的，但可以简单理解为：线性规划的通用模型可以通过数学变换转化为一种统一的标准形式，即所有的变量均为非负、所有的约束条件均为等式、约束条件右端项均为非负、目标函数为 max；这样，变换后的标准模型的约束条件就变为一个线性方程组，为叙述方便，设方程组的变量为 n 个、等式方程为 m 个；由于通常 $m<n$, 因此该方程组的解有无穷多个；如果令 $n-m$ 个变量的值为 0，就可以找到该方程组的一个解，根据排列组合原理，这样的解共有 C_n^m 个，这些特殊的解称为基解，其中满足非负条件的基解称为基可行解，因此，基可行解不超过 C_n^m 个；可以证明，若线性规划模型存在最优解，一定可以在基可行解中找到。因此，单纯形法的基本思想是：先找出一个基

可行解，对它进行判断，看是否是最优解；若不是，则按照一定法则转换到另一改进的基可行解，再判断；若仍不是，则再转换，按此重复进行。因基可行解的个数有限，故经有限次转换必能得出问题的最优解。

实际中，线性规划问题的求解总是需要在计算机上实现，而完善的软件包已得到广泛应用，例如 LINGO、WinQSB 等。在这些软件中，使用最简单、解释功能最强的是 LINGO，利用该软件求解上述生产计划决策问题的输入程序为：

```
!model title
title Production planning decision problem
! Max profit
max 2x1+3x2
subject to
! Here is the constraint on time availability
2x1+2x2<12
4x1<16
5x2<15
end
```

运算后可得：$x_1^*=3$，$x_2^*=3$，$z^*=15$，即最优生产计划方案是生产产品甲和乙各 3 件，最大利润目标值为 15（百元）。

可以看出，LINGO 软件在使用上是非常方便的。为简明起见，后面模型和问题的 LINGO 程序就省略了。

3. 配料问题

某工厂熔炼一种新型不锈钢，这种不锈钢所需铬（Cr）、锰（Mn）和镍（Ni）的最低质量分数分别为 3.20%、2.10% 和 4.30%。熔炼该不锈钢需要用四种合金 T_1、T_2、T_3 和 T_4 作为原料。这四种原料含有合金元素 Cr、Mn 和 Ni 的质量分数见表 4-2。四种原料每吨的单价分别为 11.5 万元、9.7 万元、8.2 万元和 7.6 万元。假设熔炼时没有质量损耗，

那么，要熔炼成 100t 这样的不锈钢，应选用原料 T_1、T_2、T_3 和 T_4 各多少吨才能够使成本最小呢？

表 4-2 不锈钢配料问题数据表

合金成分	原料各合金成分的质量分数（%）				不锈钢各合金成分的最低质量分数（%）
	T_1	T_2	T_3	T_4	
Cr	3.21	4.53	2.19	1.76	3.20
Mn	2.04	1.12	3.57	4.33	2.10
Ni	5.82	3.06	4.27	2.73	4.30
原料单价 /(万元 /t)	11.5	9.7	8.2	7.6	—

这一问题是在不锈钢的合金含量受到限制的情形下，通过规划原材料的配比以实现成本最小的配料问题，需要通过建立数学模型才能解决。

令选用原料 T_1、T_2、T_3 和 T_4 的质量分别为 x_1、x_2、x_3 和 x_4，z 为所选用原材料的总成本，因此，$z=11.5x_1+9.7x_2+8.2x_3+7.6x_4$。

由于熔炼不锈钢的总量是 100t，它是将四种合金 T_1、T_2、T_3 和 T_4 作为原料熔炼而成，有一个等式约束：$x_1+x_2+x_3+x_4=100$；该不锈钢所需 Cr、Mn 和 Ni 的最低质量分数是由四种合金 T_1、T_2、T_3 和 T_4 的质量分数构成，于是可以得到以下结果。

关于 Cr 的质量分数的约束条件为：

$$0.0321x_1+0.0453x_2+0.0219x_3+0.0176x_4 \geqslant 3.20$$

关于 Mn 的质量分数的约束条件为：

$$0.0204x_1+0.0112x_2+0.0357x_3+0.0433x_4 \geqslant 2.10$$

关于 Ni 的质量分数的约束条件为：

$$0.0582x_1+0.0306x_2+0.0427x_3+0.0273x_4 \geqslant 4.30$$

另外，各种合金的加入都不可能为负，即有非负限制：x_1，x_2，x_3，$x_4 \geqslant 0$。

综合上述讨论，该配料问题可以建立如下线性规划模型：

$$\min z = 11.5x_1+9.7x_2+8.2x_3+7.6x_4$$

$$\text{s.t.}\begin{cases}0.0321x_1+0.0453x_2+0.0219x_3+0.0176x_4 \geqslant 3.20\\0.0204x_1+0.0112x_2+0.0357x_3+0.0433x_4 \geqslant 2.10\\0.0582x_1+0.0306x_2+0.0427x_3+0.0273x_4 \geqslant 4.30\\x_1+x_2+x_3+x_4=100\\x_1,x_2,x_3,x_4 \geqslant 0\end{cases}$$

4. 运输问题

某省的石油公司下设三个精加工石油的工厂 A_1、A_2 和 A_3，通常每天都要将几百吨的精加工石油运往省内四个地区 B_1、B_2、B_3 和 B_4 进行销售，但精加工石油的调运涉及大量的运输费用。因此，公司管理层要研究出一种有效的调运方案以尽可能地减少运输费用。通过调查，获得了近期各工厂的产量（t）、各地区销量（t）以及从各工厂到各销售地区每吨石油的运价（1000 元 /t）等数据，具体见表 4-3，而所要解决的问题就是：该公司应如何调运，在满足各地区销售需要的情况下，使总的运费支出为最少。

表 4–3 石油运输问题数据表

工厂	从产地到销地的单位运价 /（×1000 元 /t）				产量 /t
	B_1	B_2	B_3	B_4	
A_1	3	11	3	10	70
A_2	1	9	2	8	40
A_3	7	4	10	5	90
销量 /t	30	60	50	60	—

在生产或生活中，我们经常会遇到各种各样的物资调运问题，但都可以描述为：有某种物资需要调运，已知有 m 个地点可以供应该种物资（通称为产地，用 $i=1,\cdots,m$ 表示），有 n 个地点需要该种物资（以后通称销地，用 $j=1,\cdots,n$ 表示），又知这 m 个产地的供应量（通称为产量）

分别为 $a_1,a_2,\cdots,a_m$（可通写为 a_i），n 个销地的需求量（通称为销量）分别为 $b_1,b_2,\cdots,b_m$（可通写为 b_j），从第 i 个产地到第 j 个销地的单位物资运价为 c_{ij}。那么，如何调运，在满足各销地需求的情况下，使总的运费支出为最少？在运筹学中，通常将这类线性规划问题称为运输问题。

设 x_{ij} 为从产地 A_i 运往销地 B_j 的运输量，运输问题数学模型的一般形式为：

$$\min z=\sum_{i=1}^{m}\sum_{j=1}^{n}c_{ij}x_{ij}$$

$$\text{s.t.}\begin{cases}\sum\limits_{j=1}^{n}x_{ij}=a_i & i=1,\cdots,m\\ \sum\limits_{i=1}^{m}x_{ij}=b_j & j=1,\cdots,n\\ x_{ij}\geqslant 0 & i=1,\cdots,m;j=1,\cdots,n\end{cases}$$

4.2 整数规划

在一些实际问题中，决策变量只有取整数值才有意义，例如，必须给一个任务分派整数的人、机器或车辆。要求一部分或全部决策变量取整数值的规划问题称为整数规划问题。不考虑整数条件，由余下的目标函数和约束条件构成的规划问题称为该整数规划问题的松弛问题。若该松弛问题是一个线性规划，则称该整数规划为整数线性规划。运筹学中的整数规划一般指整数线性规划。

一个整数规划问题，若全部决策变量都必须取整数值，称为纯整数规划；若决策变量中有一部分必须取整数值，另一部分可以不取整数值，称为混合整数规划；若决策变量只能取值 0 或 1，则称为 0-1 型整数规划。

解决整数规划问题的重点和难点是需要研究有效的算法，下面以一个实际问题为例进行说明。

一个机械加工车间有 4 台代号分别为 M_1、M_2、M_3、M_4 的设备，现需要将 4 种工件分配给这些设备进行加工，工件代号分别为 N_1、N_2、N_3、N_4。每件工件的加工费用取决于由哪台设备进行加工，表 4-4 列出了不同设备加工不同工件的费用。如果每台设备一次只加工一种工件，那么，怎样分配工件，才能使总的加工费用最小？

表 4–4　加工费用矩阵

设备	每种工件在各设备上的加工费用			
	N_1	N_2	N_3	N_4
M_1	10	9	8	7
M_2	3	4	5	6
M_3	2	1	1	2
M_4	4	3	5	6

求解这个问题的基本方法是枚举全部可能的分配方案，每种分配方案的费用都能计算出来，具有最小费用的就为最优分配方案。由于该问题需要进行匹配的项目是 4 项，可能的分配方案有 24 种，如果运用枚举法求解，不仅效率低，而且容易出错。设想如果需要进行匹配的项目数继续增加，例如增加到 10，则可能的分配方案将有 3628800 种，运用枚举法将是不可能的。因此，为了解决这类问题，需要研究有效的算法。

这类问题更为一般的描述是：有 n 项任务交给 n 个人去完成，已知第 i 个人完成第 j 项任务的工作效率（时间或费用）为 a_{ij}（$i,j=1,2,\cdots,n$），a_{ij} 组成的矩阵通常称为效率矩阵。若要求每人只完成其中一项任务，且每项任务只交给一个人去完成，那么，应如何分配才能使总效率最高？

该问题需要对第 i 个人是否应该完成第 j 项任务进行决策，所以决策变量应设为：

$$x_{ij}=\begin{cases}1 & \text{指派第 } i \text{ 个人完成第 } j \text{ 项任务}\\ 0 & \text{不指派第 } i \text{ 个人做第 } j \text{ 项任务}\end{cases}\quad (i,j=1,2,\cdots,n)$$

则该问题的数学模型可描述为：

$$\min z = \sum_{i=1}^{n}\sum_{j=1}^{n} a_{ij} x_{ij}$$

$$\text{s.t.}\begin{cases} \sum_{j=1}^{n} x_{ij} = 1 & i = 1,2,\cdots,n \\ \sum_{i=1}^{n} x_{ij} = 1 & j = 1,2,\cdots,n \\ x_{ij} = 0 \text{或} 1 & i = 1,2,\cdots,n; j = 1,2,\cdots,n \end{cases}$$

求解分配问题就是在效率矩阵 $\boldsymbol{a}_{ij}$ 中找到 n 个位于不同行不同列的元素，使 n 个元素的效率之和最小，这些元素对应的位置就表示了人与任务的最佳匹配方式。

匈牙利数学家克尼格（Konig）针对分配问题证明了这样一个定理：如果从效率矩阵 $\boldsymbol{a}_{ij}$ 的每一行元素中分别减去（或加上）一个常数 u_i，从每一列中分别减去（或加上）一个常数 v_j，得到一个新的效率矩阵 $\boldsymbol{b}_{ij}$，则以 $\boldsymbol{b}_{ij}$ 为效率矩阵的分配问题与以 $\boldsymbol{a}_{ij}$ 为效率矩阵的分配问题具有相同的最优解。

根据这一定理，设想如果通过线性变换将效率矩阵变换为这样的形式：

（1）所有元素≥ 0。

（2）存在 n 个位于不同行不同列的“0”元素（即独立“0”元素）。

那么，将这一组独立“0”元素行所对应的任务分配给列所对应的人来完成，就一定是最优分配方案。

根据这一思想逐渐形成了求解分配问题的规范化方法，通常称为匈牙利法。利用匈牙利法求解表 4-4 所对应问题的结果如下（LINGO 程序省略）：第 1 个工件应该由第 3 台设备加工；第 2 个工件应该由第 4 台设备加工；第 3 个工件应该由第 2 台设备加工；第 4 个工件应该由第 1 台设备加工，总费用为 2+3+5+7=17。

4.3 动态规划

《科学美国人》杂志曾刊登过一篇文章《凶残海盗的逻辑》，文章提出了一个经济学模型，称为海盗分金问题：有5个海盗抢得100枚金币，在如何分赃问题上争吵不休。于是他们决定首先通过抽签决定各人的号码（1，2，3，4，5）；之后先由1号提出分配方案，然后5人表决，如果方案超过半数同意就被通过，否则1号将被扔进大海喂鲨鱼；1号死后，将由2号提方案，4人表决，当且仅当超过半数同意时方案通过，否则2号同样被扔进大海；以此类推，直到找到一个每个人都接受的方案（如果只剩下5号，他当然接受一人独吞的结果）。假设每个海盗都绝对理智，也不相互合作，并且每个人都想尽可能多得到金币，那么，排在1号的海盗将怎样提议才能既可以使得提议被通过又可以最大限度地得到金币呢?

这是一个比较复杂的逻辑推理问题。由于处于1号位置的海盗的最优决策取决于其他位置海盗的最优决策，所以从纯理性的角度看，1号海盗应该首先按一定的顺序对每一个位置的海盗的最优决策进行推理分析，然后再经过一个通盘的考虑才能确定自己的最优决策。可见，1号海盗需要经过5个环环相扣的阶段性决策才能得到最终决策结果。因此，从决策过程的角度看，1号海盗的决策过程属于多阶段决策过程。

所谓多阶段决策过程是指这样一类活动过程：一个决策过程可以分为若干个相互联系的阶段，每个阶段都需要做一定的决策，但是每个阶段最优决策的选择不能只是孤立地考虑本阶段所取得的效果如何，必须把各个阶段联系起来考虑，才能使整个过程的总效果达到最优。在实际工作与生活中，有些比较复杂的问题不能通过单一的决策过程解决，而是需要经历多阶段决策过程。

解决这类问题强调的是必须把整个过程中的各个阶段联系起来通盘

考虑，寻求整体的最优，但为了实现通盘考虑的可操作性，还需要把整体最优的问题分解成若干阶段性最优的小问题，然后通过逐阶段求解，最终取得整体最优解。由于这种方法是在不同阶段采用不同的最优化决策，即最优化决策随着过程而变动，呈现出动态性，所以处理这类问题的方法通常称为动态规划方法（dynamic programming）。动态规划在一些比较难以解决的复杂问题中显示出巨大的优越性。

动态规划同前面介绍过的线性规划不同，它不是一种特定的算法，而是以“分而治之，逐步调整”的思想解决复杂问题的一种思维策略，而充分理解这一思维策略的内涵是运用动态规划解决各类实际问题的关键。由于海盗分金问题对于理解动态规划的思维策略颇具启发性，以下首先以海盗分金问题为例说明这一思维策略的基本逻辑，然后以一个典型问题为例说明运用动态规划解决实际问题的基本方法。

1. 动态规划的思维策略

如前所述，在海盗分金问题中，处于 1 号位置的海盗应该首先按一定的顺序对每一个位置的海盗的最优决策进行推理分析，这里的推理顺序对于厘清思路非常重要，如果采取逆序的推理方式将非常有助于提高思维的效率，逆序推理是这样的：

首先从 5 号海盗开始。5 号海盗是最安全的，没有被扔下大海的风险，因此他的理性策略也最为简单，即最好前面的人全都被扔下大海，那么他就可以独得这 100 枚金币了。

接下来看 4 号海盗。他的生存机会完全取决于前面还有人活着，因为如果 1 号到 3 号的海盗全都被扔下大海，那么在只剩 4 号与 5 号的情况下，不管 4 号提出怎样的分配方案，5 号一定都会投反对票来把 4 号扔下大海，以独吞全部的金币。哪怕 4 号为了保命而讨好 5 号，提出（0，100）这样的分配方案让 5 号独占 100 枚金币，但是 5 号还有可能觉得留着 4 号有危险，而投反对票以把 4 号扔下大海。因此理性的 4 号不应该冒这样的风险，把存活的希望寄托在5号的随机选择上，他惟有支持3号才能绝对保证自身的性命。

再来看3号海盗。他经过上述的逻辑推理得知4号的想法之后，就会提出（100，0，0）这样的分配方案，因为他知道4号哪怕一无所获，为了保命也还是会无条件地支持他而投赞成票，那么再加上自己的1票就可以使他稳获这100枚金币了。

但是，2号海盗也经过推理得知了3号的分配方案，那么他就会提出（98，0，1，1）的方案。因为这个方案相对于3号的分配方案，4号和5号至少可以获得1枚金币，理性的4号和5号自然会觉得此方案对他们来说更有利而支持2号，不希望2号出局而由3号来进行分配。这样，2号就可以拿走98枚金币了。

最后，1号海盗经过上述推理之后也洞悉了2号的分配方案，他将采取的策略是放弃2号，而给3号1枚金币，同时给4号或5号2枚金币，即提出（97，0，1，2，0）或（97，0，1，0，2）的分配方案。由于1号的分配方案对于3号与4号（或者3号与5号）来说，相比2号的方案可以获得更多的利益，那么他们将会投票支持1号，再加上1号自身的1票，1号就可轻松获得97枚金币。

海盗分金问题，初看起来似乎无从下手，但通过上述的逆序推理则令人豁然开朗，让人们体会到逆序推理对于解决动态规划问题所具有的独特意义。

采用从后向前的逆序推理，使得海盗分金问题的解决可以从决策最简单的5号海盗开始，在确定了5号的最优决策方案之后，接下来将问题扩大至4号海盗，4号的最优决策是依据5号的最优决策制定的，然后再将问题扩大至3号海盗，3号的最优决策是依据4号的最优决策制定的，这样逐步将决策问题扩大，直到求得问题的最终解。

在解决动态规划问题中，逆序推理能够很好地帮助人们厘清思路，

但其有效性则是通过保证各阶段之间的最优决策具有递推性实现的，即每一阶段的决策都是在前一阶段得到的最优决策方案的基础上进行的。也就是说，动态规划过程中，每阶段得到的最优决策方案都要有效地传递并纳入下一阶段一并考虑，这样环环相扣地递推就可以将阶段性的最优决策逐步调整为全局性的最优决策。

当然，根据具体情况，有些动态规划问题也可以运用从前向后的顺序推理。但无论逆序推理还是顺序推理，核心都是“分而治之，逐步调整”思维策略的运用。“分而治之”是指将一个整体最优的复杂问题分解成若干个阶段性最优的小问题，然后通过逐阶段求解，最终取得整体最优解；“逐步调整”是指按照一定的顺序首先从一个初始的阶段性小问题开始，给这个小问题找到最优解，然后逐渐扩大问题，并以前一阶段问题的最优解为基础寻求目前阶段问题的最优解，通过环环相扣的递推将阶段性的最优决策逐步调整为全局性的最优决策。

2. 动态规划的基本方法

下面将通过一个经典的驿站马车问题阐明运用动态规划方法解决实际问题的基本思路和方法。

19 世纪中叶，密苏里州的一位淘金者决定去加利福尼亚州西部淘金。旅程需要乘坐驿站马车，途经那些有遭遇强盗袭击危险的无人乡村。虽然他的出发地和目的地已定，但是他有相当多的选择来决定从哪个州中穿过。图 4-1 表示了可能路线，每个州都用画圈的字母表示，始点密苏里州用 A 表示，终点加利福尼亚州用 J 表示，并且旅行方向在图中总是从左向右。可以看出，他乘坐驿站马车从 A 出发，最终到达 J，需要经过 4 个中间阶段。

淘金者是个很谨慎的人，他非常担心自己的安全。经过一番思索，他想出了一个巧妙的方法来确定最安全的路线。他了解到每位驿站马车的乘客都被提供人寿保险，而任何一份人寿保单成本都基于对该线路安全性的仔细评估，因此，最安全的路线应该是全部保单中最便宜的。图4-1中的数字表示了驿站马车在两个州之间行驶的标准保单成本，为方便叙述，用 c_{ij} 表示从第 i 州到第 j 州的保单成本。因此，淘金者现在的问题就是选择哪一条路线可以使总的保单成本最小。

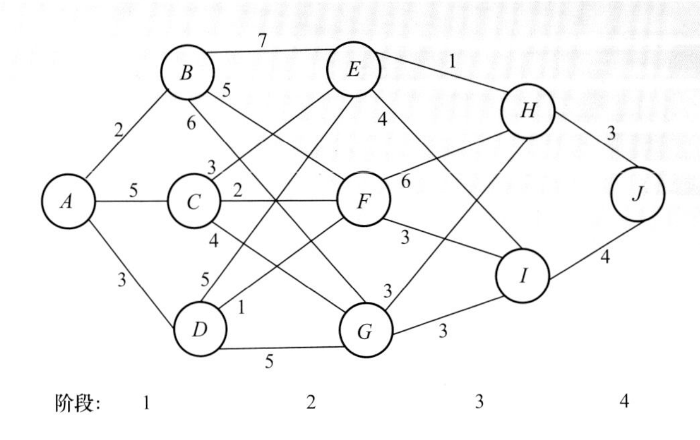

▲ 图 4-1 驿站马车问题的道路系统和保单成本

从图4-1可以看出，仅考虑每个阶段最省钱并不会得到一个整体最优的决策。例如，从 A 点出发有三种选择：到 B、C 或 D，如果仅考虑一段内最优，自然就选从 A 到 B，但从整体最优考虑，从 A 到 J 的最短路却经过 D，不经过 B。因此孤立地分段考虑最优，总体不一定最优。而如果把从 A 到 J 的所有可能路线一一列举出来，找出最短一条，这不仅费时费力，而且当阶段数较多时就很难办到。

从运筹学动态规划的角度看，上述问题是一个多阶段决策问题，可以转化为依次求解若干具有递推关系的单阶段决策问题而得到解决，具体可以从终点 J 出发通过逐阶段的逆向递推来实现。

为了获得求解该类问题的有效算法，首先需要建立数学模型。设决策变量 x_n 为阶段 n（n=1, 2, 3, 4）的直接目的地。这样，选择的路线就是 $A \to x_1 \to x_2 \to x_3 \to x_4$，其中 x_4=J。设 $f_n(s, x_n)$ 为淘金者在 s 州准备开始第 n 阶段旅行并选择 x_n 作为直接目的地而剩余阶段为整体最优策

略的全部保单成本。设 $f_n^*(s)$ 为选取不同 x_n 时 $f_n(s, x_n)$ 的最小值，而所对应的 x_n 即为 x_n^*。这样，各阶段之间的逆向递推关系如下：

$$f_n(s, x_n) = c_{sx_n} + f_{n+1}^*(x_n)$$

式中，c_{sx_n} 的值通过设定 $i=s$(当前州)和 $j=x_n$(直接目的地)中的 c_{ij} 给出。$f_{n+1}^*(x_n)$ 为第 n 阶段的剩余阶段的最小保单成本。因为在第 4 阶段末尾将到达最终目的地 (J 州)，所以 $f_5^*(J) = 0$。

现在的目标是找到 $f_1^*(A)$ 和相应的路线，而实现这一目标需要通过连续地找到 $f_4^*(s)$，$f_3^*(s)$，$f_2^*(s)$，这就是动态规划的基本思路和方法，具体步骤如下。

（1）首先考虑一个阶段的最优选择。按逆序推算，旅行者到达 J 点前，上一站必然到达 H 或 I。如果旅行者上一站的起点为 H，则该阶段最优决策必然为 $H \to J$，则 $c_{HJ}=3$，$f_4^*(H)=c_{HJ}+f_5^*(J)=3$。如果上一站的起点是 I，则该阶段的最优决策必然为 $I \to J$，则 $c_{IJ}=4$，$f_4^*(I)=c_{IJ}+f_5^*(J)=4$。

（2）考虑两个阶段整合起来的最优选择。当旅行者离终点 J 还剩两站时，他必然位于 E、F 或 G 的某一点。如果旅行者位于 E，则从 E 到终点 J 的路线可能有两条：$E \to H \to J$ 或 $E \to I \to J$。旅行者从这两条路线中选取最省钱的一条，并且不管是经过 H 或 I，到达该点后，他应循着从 H 或 I 到 J 的最省钱的路线继续走。因此从 E 出发到 J 的最优选择为：

$$f_3^*(E) = \min\begin{cases} c_{EH} + f_4^*(H) \\ c_{EI} + f_4^*(I) \end{cases} = \min\begin{cases} 1+3 \\ 4+4 \end{cases} = 4$$

即从 E 出发到 J 的最省钱的路线为 $E \to H \to J$。

如果旅行者位于 F，则从 F 出发到 J 的最优选择为：

$$f_3^*(F) = \min\begin{cases} c_{FH} + f_4^*(H) \\ c_{FI} + f_4^*(I) \end{cases} = \min\begin{cases} 6+3 \\ 3+4 \end{cases} = 7$$

即从 F 出发到 J 的最省钱的路线为 $F \to I \to J$。

如果旅行者位于 G，则从 G 出发到 J 的最优选择为：

$$f_3^*(G) = \min\begin{cases} c_{GH} + f_4^*(H) \\ c_{GI} + f_4^*(I) \end{cases} = \min\begin{cases} 3+3 \\ 3+4 \end{cases} = 6$$

即从 G 出发到 J 的最省钱的路线为 $G \to H \to J$。

（3）再考虑三个阶段整合起来的最优选择。当旅行者离终点 J 还剩三站时，他必然位于 B、C 或 D 的某一点。如果旅行者位于 B，类似可得：$f_2^*(B)$=11，从 B 出发到 J 的最优路线为 $B \to E \to H \to J$。

如果旅行者位于 C，可得：$f_2^*(C)$=7，从 C 出发到 J 的最优路线为 $C \to E \to H \to J$。

如果旅行者位于 D，可得：$f_2^*(D)$=8，从 D 出发到 J 的最优路线为 $D \to F \to I \to J$。

（4）最后，四个阶段整合起来考虑时，从 A 出发到 J 的最优选择为：

$$f_1^*(A) = \min\begin{cases} c_{AB} + f_2^*(B) \\ c_{AC} + f_2^*(C) \\ c_{AD} + f_2^*(D) \end{cases} = \min\begin{cases} 2+11 \\ 5+7 \\ 3+8 \end{cases} = 11$$

即从 A 出发到 J 的最优路线为 $A \to D \to F \to I \to J$，总的保单成本为 11。

以上以驿站马车问题为范例阐明了解决动态规划问题的基本思路和方法，如果一个问题的基本结构与该范例类似，那么就可以将其归为动态规划问题加以考虑。但由于动态规划不是一种特定的算法，而是解决复杂问题的一种思维策略，在针对实际问题时需要进行具体分析，而且根据实际问题构造动态规划模型往往需要很多的技巧。

第5章 解决确定性问题的图与网络分析

物理、化学、控制论、信息论、计算机科学以及经济管理等各领域的很多问题都涉及图与网络模型，如管网图、通信联络图、交通图、企业组织结构图等；另外，在生产和日常生活中，有些问题利用数学模型或其他方法求解往往很困难，而利用图与网络模型辅助求解则可以获得直观和可视化的思路。利用图与网络模型对实际问题进行分析构成运筹学的一个非常重要的组成部分，以下将结合具体实例阐明图与网络分析的基本内容。

5.1 建立图的模型

首先看这样一个问题：有八种化学药品 A、B、C、D、P、R、S 和 T 要放进贮藏室保管。出于安全原因，下列各组药品不能贮存在同一室内：A-R，A-C，A-T，R-P，P-S，S-T，T-B，T-D，B-D，D-C，R-S，R-B，P-D，S-C，S-D，那么贮存这八种药品至少需要多少间贮藏室？

初次遇到这样的问题，会感到没有适用的规范化方法。把八种化学药品作为研究对象，用点表示，如果两种药品不能一起贮存，则表明两者之间存在联系，就在代表这两种药品的点之间画一条线，这样就能得到图 5-1。在该图中可以清晰地看出，那些没有连线的点所代表的药品可以一起贮存，有连线的药品则不能一起贮存，因而使得贮藏室的安排变得直观而条理清晰。

在该图中按照一定次序将没有连线的点所代表的药品归在一起，就可以得到贮藏室的最低数量为 3 间。当然，每间贮藏室具体存放哪些药品可以有多种选择，例如 {A,B,S}，{C,P,T}，{D,R} 等。

▲图 5-1 化学药品贮存关系图

从上述实例可以看出，以图的形式描述问题可以使我们对问题建立直观和清晰的认识，有助于探索解决问题的思路。对要研究的问题确定具体对象以及这些对象间的性质联系，并用图的形式表示出来，这就是对研究的问题建立图的模型。

运筹学中，图的模型是对各种具体对象以及这些对象间性质联系的抽象和概括。在图中，研究对象通常用点表示，这些对象之间的联系用连线表示，并称为边。因此，图（通常用 G 表示）可以定义为点和边的集合。如果给图中的点与边赋以具体的含义和权数，如距离、容量、费用等，则称这样的图为网络图，并记为 N。

利用图与网络模型对实际问题进行分析并得到有效解决方案的过程称为图与网络分析。利用图与网络分析的方法往往能帮助我们解决一些用其他方法难以解决的问题，下面将结合具体实例进行说明。

5.2 实现极简的连通

某一新建工业园区为使建筑物之间能够进行高速通信，需要预先确定光缆网络的铺设方案。为此，管理层根据园区的规划与设计方案得到了园区建筑物的分布图，具体如图 5-2 所示。图中的圆圈及其字母表示园区的主要建筑物，图中的线段表示铺设光缆可能的位置，每条线段旁边的权值表示若选择在这个位置铺设光缆需要花费的成本（万元）。两个建筑物之间的通信不一定由直接连通的光缆实现，也可以经由其他建筑物通过间接连通来实现。那么，为了使所有建筑物之间都能够实现高速通信，同时尽可能降低铺设成本，应该在哪些位置铺设光缆呢？

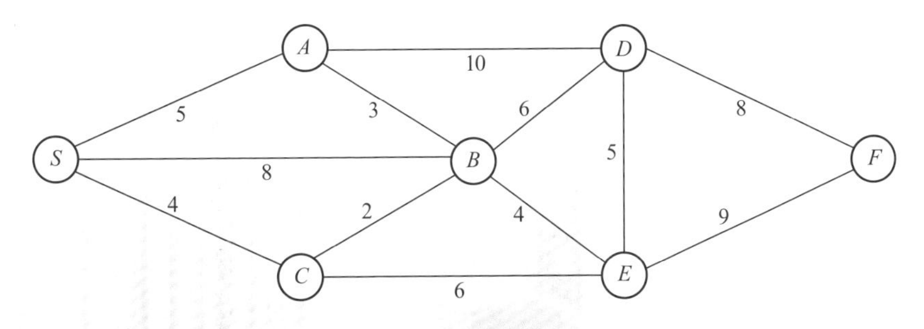

▲ 图 5-2 某工业园区建筑物分布图（N）

解决上述问题的关键在于两点。首先，铺设方案应当保证所有建筑物之间都能够实现高速通信，因此，所设计的通信网络图中各点之间必须是直接或间接连通的；其次，为了使铺设成本最低，在最终的通信网络图中，从任一点出发都不能存在经过其他边和点而闭合的圈，否则从圈中去掉一条边，网络图仍连通，那么铺设方案就一定不是最省钱的。例如从 S 点出发可以找到 $S \to A \to B \to S$、$S \to A \to B \to C \to S$、$S \to A \to D \to B \to C \to S$ 等多个圈，从每个圈中去掉一条边该图仍是连通的，因此，图 5-2 一定不是最终的通信网络图。

上述分析也为解决问题提供了思路，即可以通过“破除圈”的方法得到最省钱的铺设方案。具体方法如下：从图 5-2 的网络图 N 中任取一圈，去掉这个圈中权值最大的一条边，得一新的网络图 N_1，该图包含 N 中所有的点和一部分边，为方便叙述，将其称为原网络图的部分图；然后，在 N_1 中再任取一圈，再去掉圈中权值最大的一条边，得部分图 N_2；如此继续下去，一直到剩下的部分图中不再含有圈为止；这样，最终得到的部分图既没有圈，也保证所有点都能够直接或间接连通，而且“破除圈”过程中的每一步都保证了成本最低，因此，最终得到的部分图就是所需要的最佳铺设方案。

例如，首先取 $S \to A \to B \to S$ 所构成的圈，去掉权值最大的边 SB，再取 $S \to A \to B \to C \to S$ 所构成的圈，去掉权值最大的边 SA，如此反复，最后得到的最佳方案如图 5-3 所示。

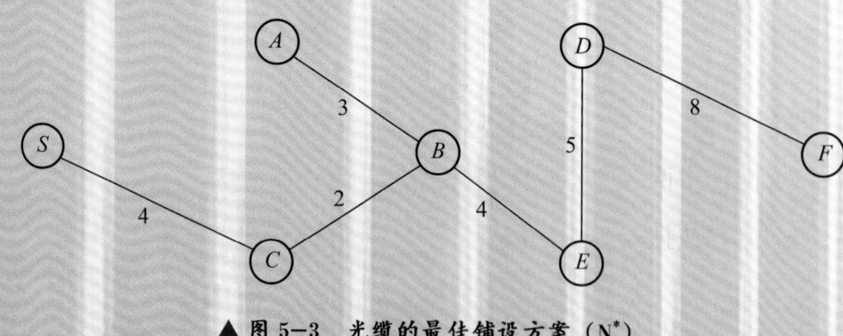

▲ 图 5–3　光缆的最佳铺设方案（N^*）

上述问题是以总权值极小为目标实现网络中各点之间的连通，可以说是一种极简的连通。这种极简的连通是通过在网络图中寻找无圈且连通的部分图实现的，是图与网络分析的一个基本内容。

无圈连通图的形状与大自然中树的特征非常相似,因此也称为树图。树图是结构最简单但又十分重要的图，在自然和社会领域的应用极为广泛。如果一个树图是网络图的部分图，即包含了网络图中的所有顶点，就称其为该网络的一个部分树。通常，一个网络图中存在多个部分树，其中，总权值最小的部分树称为最小部分树或最小支撑树。

图 5-3 就是图 5-2 的最小部分树。因此，上述确定极简连通方案的过程就是在网络中寻找最小支撑树的过程。

5.3 寻找最短路

图 5-4 为单行线交通网络图，这是一个有向图，为了与无向图相区分，两点之间有方向的连线称为弧。该图中，每弧旁的权值表示这条线路的距离。现在某人要从 v_1 出发，通过这个交通网到 v_8 去。由于有多条路线可以选择，因此该人需要确定距离最短的通行路线。

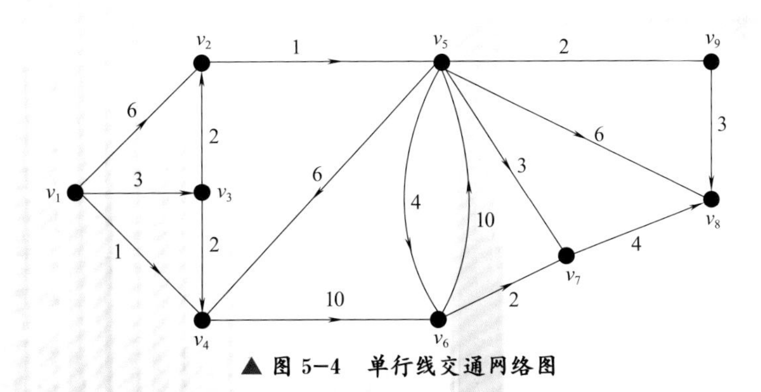

▲ 图 5-4　单行线交通网络图

确定网络中两点之间的最短路径是图与网络分析的一个经典问题，利用枚举的方法搜索最短路总是低效而容易出错的，因此需要研究有效的算法。求解最短路问题算法中最有影响力的是狄克斯屈拉（Dijkstra）

提出的标号算法，即 Dijkstra 算法。

Dijkstra 算法的思路非常简洁清晰：在图 5-5 中，如果假设 $v_1 \to v_2 \to v_3 \to v_4$ 是 $v_1 \to v_4$ 的最短路，那么 $v_1 \to v_2 \to v_3$ 一定是 $v_1 \to v_3$ 的最短路，否则，如果假设 $v_1 \to v_3$ 的最短路是 $v_1 \to v_5 \to v_3$，就有 $v_1 \to v_5 \to v_3 \to v_4$ 的路必小于 $v_1 \to v_2 \to v_3 \to v_4$，而这与原假设相矛盾。因此，寻找两个点之间的最短路径可以将一个点作为起点，先确定与该起点直接相邻的所有点到该点的最短路径，然后再确定经过一个中间点到达起点的最短路径，接着再确定经过两个中间点到达起点的最短路径，这样一直向后搜索，就将最短路的搜索由近及远，最后延伸到终点。

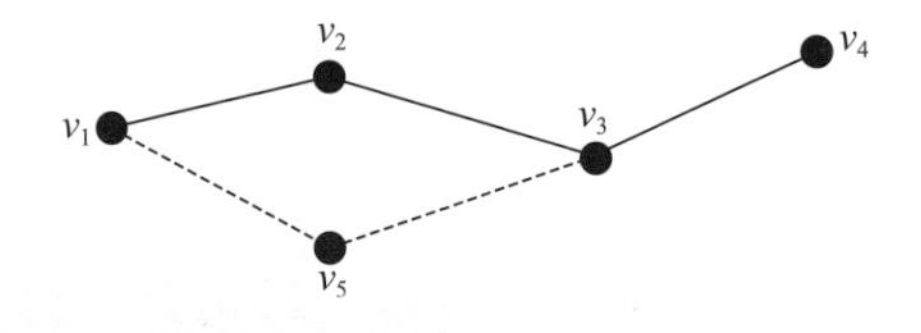

▲ 图 5–5　Dijkstra 算法的基本思路

为清晰起见，Dijkstra 算法强调将每一次搜索确定的最短路径及其权值通过标号的形式记录下来，以方便对所得到的最短路径进行回溯。图 5-4 问题的标号如图 5-6 所示。例如 v_5 的标号（v_2,6）表示从 v_1 到 v_5 的最短路径经过 v_2，最短距离为 6。从 v_1 到 v_8 的最短路径用红色的粗实线显示，最短距离为 12。

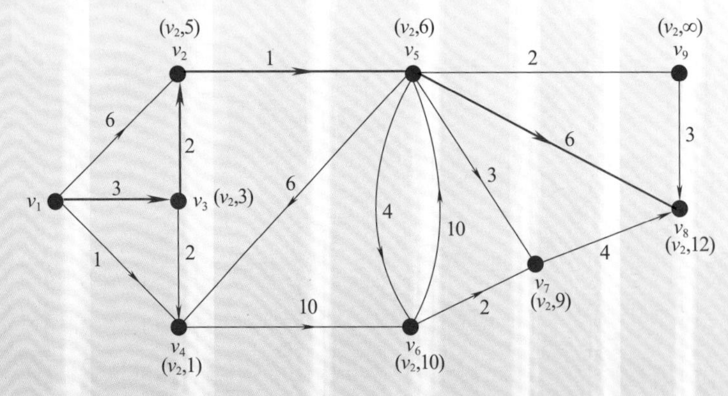

▲ 图 5–6　Dijkstra 标号算法的求解结果

有些问题，如新项目选址、管道铺设时的选线、设备更新、投资、某些整数规划和动态规划的问题，都可以归结为求最短路的问题。因此求解这类问题的方法在生产实际中得到广泛应用。

5.4 确定网络的最大通过能力

图5-7为电网图，该电网起源于发电站 s（s 称为发点），终止于用户 t（t 称为收点），v_1、v_2、v_3、v_4 为四个中间变电站。图中有方向的弧表示电流流经的线路和方向。每弧旁的权值表示这条线路的最大输电能力（MW），也称为弧的容量。如果用户 t 希望获得15MW的电能，那么该电网的输电能力是否满足要求？如不满足，需要增建或改建哪些输电线路？

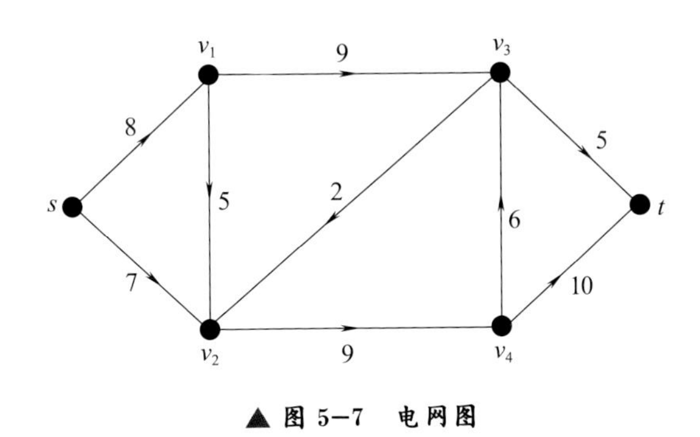

▲ 图 5–7　电网图

通过简单的验证可以发现，虽然发点 s 的最大输出能力是15MW，但是由于后续线路容量的不足，这15MW的输电量不能够全部传输到收点 t。那么，这到底是由于哪些线路容量的不足所导致的呢？或者说阻碍电流在网络中传输的瓶颈部位在哪里呢？因此，解决问题的关键是找到该瓶颈部位。

电流从 s 到 t 的通行路径有很多条，为方便叙述，将每条通行路径称为链。找到瓶颈部位的直接方法就是在不同位置对这些链进行横向切割，然后看哪个横截面的容量不足。具体来讲，就是首先在网络图的某一位置将发点 s 与收点 t 分割开，确定截面上断开哪些弧会使 $s \to t$ 的电

流中断，并计算这组弧的容量之和。通常将这组弧的集合称为割集，将其容量之和称为割集的容量。图 5-8 显示了上述电网图的三个分割部位。

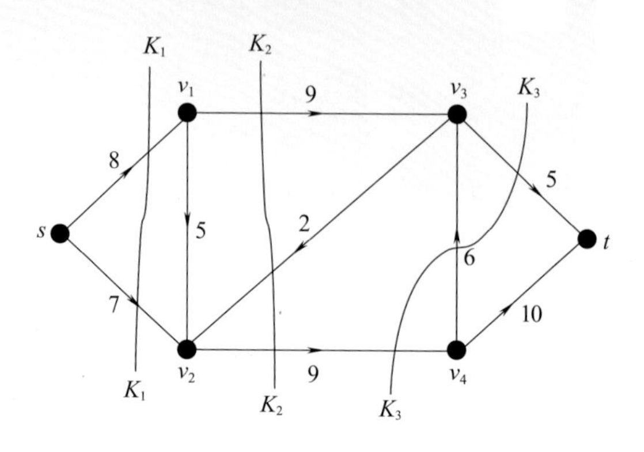

▲ 图 5-8　电网图的横向分割

K_1—K_1 部位的分割使 $s \to t$ 的电流中断的割集是（s,v_1）和（s,v_2），该割集的容量为 15；K_2—K_2 部位的分割使 $s \to t$ 的电流中断的割集是（v_1,v_3）和（v_2,v_4），其容量为 18；K_3—K_3 部位的分割使 $s \to t$ 的电流中断的割集是（v_3,t）和（v_2,v_4），其容量为 14。

试想，如果找出所有可以将 s 与 t 分割开的部位，并确定相对应的割集，那么，割集容量最小的部位就应当是要找的瓶颈部位，正是该部位的容量不足限制了网络的通过能力。因此，该容量就是网络的最大通过能力，也称为网络的最大流，即最小割集对应网络的最大流。通过寻找可以发现上述电网图的瓶颈部位在 K_3—K_3，最小割集是（v_3,t）和（v_2,v_4），而其所对应的割集容量 14 即为该网络的最大流。

这种利用横向分割确定网络最大流的方法非常具有启发意义，但从本质上看仍然属于枚举法，效率低且容易出错。因此，需要寻求更好的方法。

考虑网络最大流问题的另一个思路是首先给出一组初始的网络流量分配方案，然后判断这个方案是否为网络的最大流，如果不是，就通过不断调整流量直到获得最大流。这一方法包含三个基本要点，即如何给出一组初始的网络流量分配方案、如何判断一个流量方案是否为网络的最大流以及如何调整流量。

一组初始的网络流量分配方案需要满足两个条件，一个条件是每个弧加载的流量不能超出该弧的容量，另一个条件是每个中间点流入与流出的总流量要保持平衡。初始流量分配方案可以通过试错法给出，图 5-7 电网问题的一组初始流量分配方案显示在图 5-9 各弧容量后面的括号中。每个括号中数字即为加载于该弧的流量，都小于或等于该弧的容量，因此满足第一个条件。第二个条件也容易验证，例如对于中间点 v_1，流入的流量为 8，流出的流量为 4+4=8。

试想，在图 5-9 显示的流量分配方案中，如果 $s \to t$ 的每条链上的流量都无法通过调整而变得更大，那么该方案一定是网络的最大流。否则，只要还存在能够通过调整而使流量增加的链，就一定存在更优的流量分配方案，通常将这样的链称为增广链。因此，判断一个流量方案是否为网络的最大流就是看是否存在增广链。而如果能够找到增广链，也就找到了进行流量调整的路径。

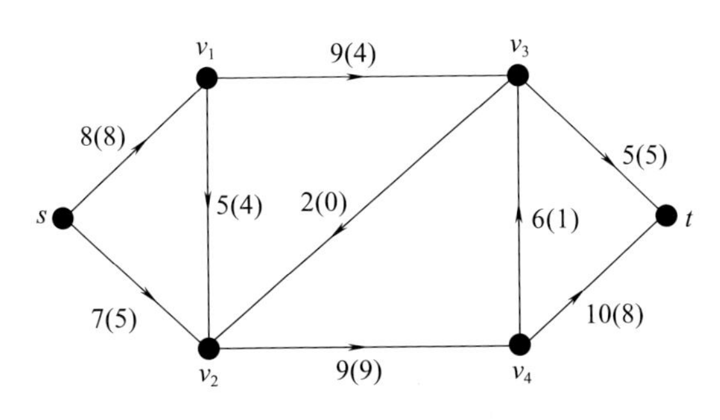

▲ 图 5-9 初始流量分配方案

图 5-10 表示增广链存在的条件，其中 f 表示弧的流量，c 表示弧的容量。如果在网络的发点和收点之间能够找到一条链，在该链上所有指向为 $s \to t$ 的弧称为前向弧，存在 $f<c$；所有指向为 $t \to s$ 的弧称为后向弧，存在 $f>0$，则称这样的链为增广链。例如，图 5-9 中

$s \to v_2 \to v_1 \to v_3 \to v_4 \to t$ 这条链就是一条增广链，其中（v_2,v_3）和（v_3,v_4）是该链上的后向弧。

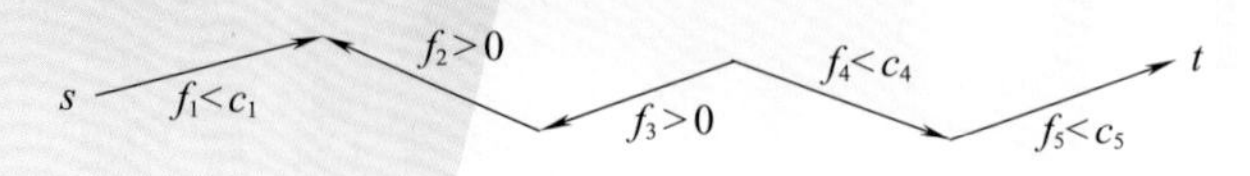

▲ 图 5–10 增广链

显然，使前向弧增加一定流量，同时使后向弧减少同样的流量，就可以增加增广链的流量，也就增加了网络中 $s \to t$ 的总流量。不难看出，在增广链上可以允许调整的最大流量是所有前向弧的容量与流量之差以及所有后向弧的流量当中的最小值。

那么如何寻找增广链并通过不断调整增广链的流量以最终确定网络的最大流呢？福特（Ford）和福克森（Fulkerson）提出了一种基于标号的方法，通常称为 Ford-Fulkerson 标号算法。该算法的基本思路就是从发点 s 出发，判断相邻的前向弧的流量是否小于容量、后向弧的流量是否大于 0，如果是，就对相邻点进行标号，如果否，就不标号。标号的目的是记录从 s 出发向后延伸的增广链的路径。标号由两个数字组成：第一个数字是使这个点得到标号的前一个点的代号，第二个数字表示从上一标号到这个标号的流量的最大允许调整量。

将上述标号过程不断向后延伸，可能出现两种结局：

（1）标号过程中断，t 无法标号。说明网络中不存在增广链，目前流量为最大流，而将已标号点和未标号点分割开的部位就是瓶颈部位。该部位的割集就是网络的最小割集。

（2）t 得到标号。说明网络中存在增广链，通过从 t 点反向回溯，就可以在网络中找到一条从 s 到 t 的由标号点及相应的弧连接而成的增广链。

如果出现第二种结局，就将找到的增广链上的流量增加一个最大允许调整量，这样就得到一个更优的流量方案。然后再重复上述标号过程，直到出现第一种结局为止。

图 5-9 的第一次标号结果如图 5-11 所示，得到的增广链用红色粗实线加以显示，可以调整的流量为 1 个单位。

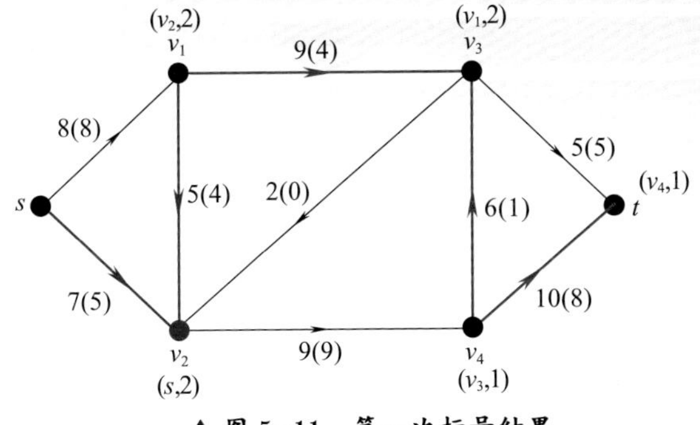

▲ 图 5-11　第一次标号结果

通过在增广链上增加 1 个单位的流量，就可以得到一个新的流量分配方案。针对新方案重复上述标号过程，则出现了第一种结局。具体如图 5-12 所示。

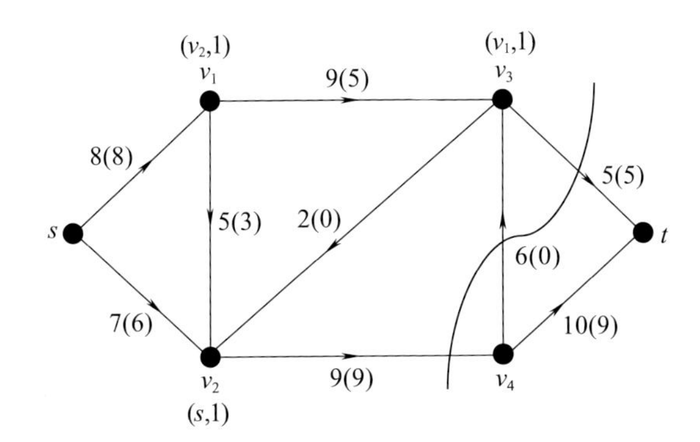

▲ 图 5-12　最后标号结果

因此，电网图的最小割集是（v_3,t）和（v_2,v_4），最大流是 14。为了使用户 t 能够获得 15MW 的电能，可以将（v_2,v_4）的容量增加 1 个单位，即由 9 增加到 10，或者将（v_3,t）的容量增加 1 个单位，即由 5 增加到 6。

求网络最大流的思想和方法在生产实际中具有比较广泛的应用，对于解决物流、交通流、管道运输、电力输送等方面的网络优化问题具有重要意义。

第 6 章　应对不确定性的决策分析方法

任何形式的管理都是由一系列的决策组成的，决策广泛地存在于政府和军事行动以及生产和生活等各个领域，运筹学就是研究如何进行最优化决策的科学方法。当决策问题较为复杂时，决策者需要借助强有力的决策工具，以弥补自身在处理大量信息时分析判断能力的不足。第 4 章和第 5 章介绍的数学规划和图与网络分析方法就是运筹学中重要的决策工具，需要决策的问题可以被描述为一个数学模型或图的模型，问题的决策目标表达为任一决策方案组合的计算结果。在前面所探讨的问题中，由于决策环境非常明确，没有随机因素的作用，决策过程中的计算结果都是具有确定性的。

然而，现实中的决策通常必须在充满不确定性的环境下做出。例如第 4.1 节提出的生产计划决策问题是在新产品肯定会畅销的前提下进行决策的，但实际上，新产品是否会畅销通常具有很大的不确定性，实际决策时需要事先预测畅销的可能性到底有多大，而为了进一步减少决策风险，通常在决定批量生产之前还需要针对是否应该在小范围内试销和推广进行决策。

在解决工程技术问题的过程中也需要面对不确定性，例如石油公司在决定是否在某特定地点开采石油的过程中，通常也需要面对一些不确定性问题，例如：出油的可能性有多大？在开采前是否需要进行进一步的勘测试验？

当遇到这些结果具有很大不确定性的问题时，决策就变得更加复杂，需要借助科学有效的决策方法和工具，运筹学中的决策分析方法则提供了应对不确定性的理性决策分析框架和科学手段。

6.1　决策与决策分析框架

在一般意义上，决策是指在现代社会和经济发展进程中，针对某些宏观或微观的问题，按预定目标，采用一定的科学理论和方法，从所有可供选择的方案中，找出最满意的一个方案实施。

先看一个工程决策问题的实例：A 石油公司拥有一片估计含油的荒地，正在考虑进行石油开采，预计开采成本为 1500 万元；如果出油，期望收入是 8000 万元，如果不出油，则收入为 0，管理层根据以往的经验判断出油的可能性为 55%；基于这一前景，另一家公司提出购买该片荒地，转让费为 1600 万元，而且 A 公司不必承担任何转让的风险。这样，A 公司的管理层就需要面对一个决策问题，即：在自行开采和转让开采权两种决策方案中，到底应该选择哪一种？为方便叙述，后面将该问题称为 A 公司的第一决策问题。

A 公司这一决策问题的形成源于决策方案执行结果的不确定性，如果执行自行开采石油这一方案，将出现出油和不出油两种情形，而出现哪种情形则处于决策者的掌控之外。但 A 公司的决策问题可以通过分析获得满意的决策方案，因为决策者拥有充足的决策信息：各个方案以及各方案执行时可能出现的不确定情形的相应结果（以收益或损失的数值表示）；所出现的不确定情形的预测信息（以概率表示）。

然而，如何利用这些决策信息获得满意的决策方案则需要科学有效的方法，研究这些方法的理论通常称为决策分析。为体现一般性，需要首先建立决策分析的基本框架，即对一般决策问题所涉及的基本要素进行定义和描述并提出建立决策问题分析模型的基本方法。

1. 决策要素的定义和描述

从 A 公司决策问题实例以及其他决策问题中都不难发现，一个决策问题通常都包含一些基本要素，下面给出一般意义上的定义和描述：

（1）决策者：是指决策的主体，可以是个人或集体。

（2）可选方案：任何需要进行决策的问题一定存在至少两个可供选择的方案，为方便叙述，设 A_i 代表第 i 个可选方案。

（3）自然状态或事件：决策问题一定存在不依决策者主观意志为转移的客观环境条件和随机因素，这些条件和因素导致方案执行时可能出现不确定情形，将每一种可能情形都称为可能的自然状态或事件，设 E_j 代表第 j 个状态或事件，E_j 发生的概率记为 P_j。

（4）损益：决策者可以测知决策方案与事件的每种组合的相应结果，通常将这些定量化的结果称为损益，设 a_{ij} 代表方案 A_i 在事件 E_j 发生时的损益值。

（5）决策准则：决策者衡量各种结果的评价标准和原则。

（6）决策信息：决策者需要获取充足的信息以减少不确定性和降低决策风险。

2. 建立决策问题的分析模型

上述决策要素明确了解决一个决策问题所需要的各项关键信息，但为了进行科学有效的决策分析，还需要借助决策分析模型。建立决策分析模型就是要将决策要素表达的散乱信息按照一定的方式组织起来，形成一个逻辑清晰的整体性描述。决策分析模型通常有两种描述方式：一种是矩阵描述方式，另一种是图的描述方式，后一种方式通常称为决策树。

矩阵描述方式的一般形式见表 6-1。

表 6-1　决策问题分析模型的矩阵描述方式

方案	事件 / 概率			
	E_1	E_2	…	E_n
	P_1	P_2	…	P_n
A_1	a_{11}	a_{12}	…	a_{1n}
A_2	a_{21}	a_{22}	…	a_{2n}
⋮	⋮	⋮		⋮
A_m	a_{m1}	a_{m2}	…	a_{mn}

决策树的一般形式如图 6-1 所示。图中的方框节点称作决策点，由决策点引出若干条直线，每条直线代表一个方案，称作决策枝。在各个决策枝的末端画上一个圆圈，称为状态（或事件）节点，由状态节点引出若干条线段，每条线段代表一个自然状态及其可能出现的概率，称为状态枝。状态枝的末端为每一个方案在各状态下的损益值。决策树的画法一般从左至右，根据问题的层次构成一个树形图。

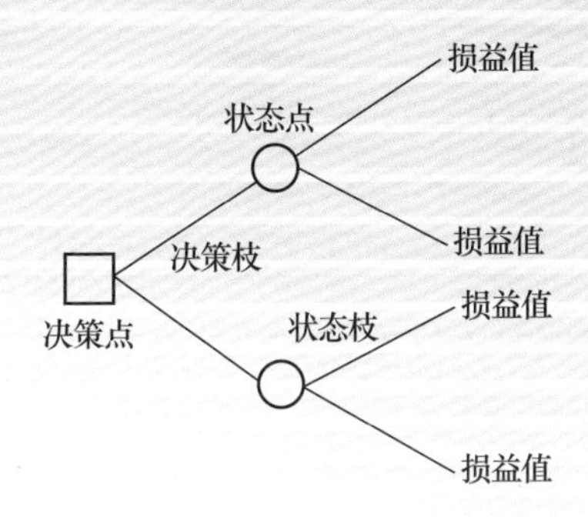

▲ 图 6-1 决策问题分析模型的决策树描述方式

表 6-2 和图 6-2 分别表示了 A 公司第一决策问题的两种形式的决策分析模型。

表 6-2 A 公司第一决策问题的矩阵描述模型（万元）

方案	55% 出油	45% 不出油
开采石油	8000	-1500
转让开采权	1600	1600

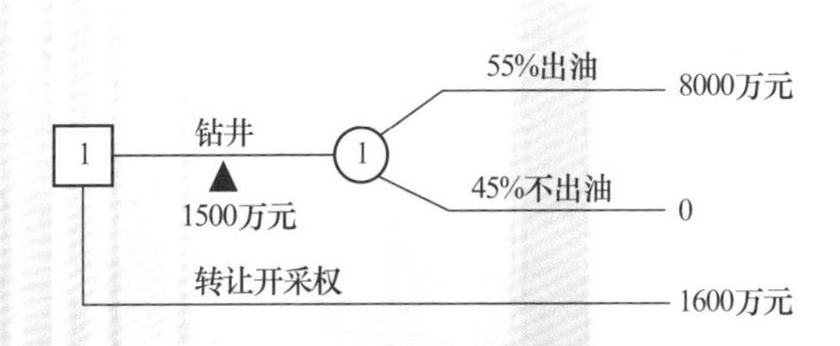

▲ 图 6-2 A 公司第一决策问题的决策树模型

在复杂的决策问题中，往往要连续地进行多次决策。在每选择一个策略后，可能有 m 种不同的事件发生，每种事件发生后，还要进行下一步决策，又有 n 个策略可选择，并进而发生不同的事件，如此需要相继做出系列决策，这种决策过程称为序贯决策。这时如果采用矩阵描述方式建立决策分析模型，就容易使矩阵表格中的数量关系十分复杂，而采用决策树的描述方式则可以避免这种情况的发生。因此，决策树是一种能帮助决策者进行序贯决策分析的有效工具。

6.2 决策准则与决策分析

建立了决策问题的分析模型以后就可以根据决策者的决策准则进行决策分析了。决策准则是指决策者衡量各种决策方案执行结果的评价标准和原则，相当于数学规划问题中的目标函数。常用的决策准则有最大最小收益准则、最大似然值准则和最大收益期望值准则等三种，下面将分别阐述每种决策准则并结合 A 公司第一决策问题说明运用各决策准则进行决策分析的具体方法。

1. 最大最小收益准则

这个准则是从避免因决策失误可能造成过大经济损失的角度出发的保守型决策准则，即：对于每一个可能的决策方案，找出所有可能出现的自然状态的最小收益，然后再找出所有最小收益中的最大值，将其所对应的决策方案作为最优策略，即选择最小收益最大的方案。表 6-3 给出了这个准则在 A 公司第一决策问题中的应用，由于第 2 种方案的最小收益（1600 万元）比第 1 种方案的最小收益（-1500 万元）大，根据最大最小收益准则将第 2 种方案（转让开采权）作为最优决策方案。

表 6-3 应用最大最小准则分析 A 公司第一决策问题（万元）

方案	55% 出油	45% 不出油	最小收益
1. 开采石油	8000	-1500	-1500
2. 转让开采权	1600	1600	1600（最小收益的最大值）

最大最小收益准则采用了悲观主义的观点，不管哪个方案被选择，对应于该方案的最坏自然状态都可能发生，因此应该选择在最坏自然状态下产生最好收益的方案。通常，只有在面对极端不利的决策环境或充满恶意的竞争对手时决策者才会采用这一决策准则。

2. 最大似然值准则

这个准则首先识别出最可能的自然状态，即具有最大先验概率的状态，然后找出这一自然状态下具有最大收益的决策方案，并将其作为最优策略。表 6-4 给出了这个准则在 A 公司第一决策问题中的应用：由于出油这一状态具有最大的先验概率（55%），而在这一列，第 1 种决策方案具有最大的收益（8000 万元），根据最大似然值准则将第 1 种方案（开采石油）作为最优决策方案。

表 6-4　应用最大似然值准则分析 A 公司第一决策问题（万元）

方案	55% 出油	45% 不出油	最大概率状态收益
1. 开采石油	8000	−1500	8000（收益的最大值）
2. 转让开采权	1600	1600	1600

最大似然值准则认为最可能的自然状态就应当是最重要的状态，因此在这个特别重要的自然状态下能够获得最大收益的方案就应当是最好的方案。这个准则着重强调了事件发生的可能性的重要意义，不允许选择虽然可能获取很大收益但获利概率很低的决策方案。

3. 最大收益期望值准则

这个准则首先利用各个自然状态的概率计算每个可能决策方案收益的期望值，然后从中选择最大的期望收益，并将其所对应的决策方案作为最优策略。表 6-5 给出了这个准则在 A 公司第一决策问题中的应用：计算每种可能的决策方案的收益期望值（分别为 2900 万元和 1600 万元），因此根据最大收益期望值准则将第 1 种方案（开采石油）作为最优决策方案。

表 6-5　应用最大收益期望值准则分析 A 公司第一决策问题（万元）

方案	55% 出油	45% 不出油	收益期望值
1. 开采石油	8000	–1500	2900（收益期望值的最大值）
2. 转让开采权	1600	1600	1600

最大收益期望值准则的最大优势在于它综合考虑了所有可用的决策信息，包括所有的收益以及所有的概率估计信息，与之相比，最大最小收益准则只利用了收益信息，而最大似然值准则只偏重于概率估计信息。因此，利用最大收益期望值准则进行决策分析是应用最广泛的一种决策分析方法。

6.3　减少不确定性的后验决策

上述 A 公司决策问题实例中，虽然公司采取自行开采石油策略的期望收入为 2900 万元，但要冒 45% 的风险（不出油时）损失 1500 万元（开采费用），这里的风险源于决策方案执行结果的不确定性，而对风险程度的预测则主要依赖决策者对于不确定性程度的主观判断和估计，风险程度的度量则采用了概率指标（45%）。可见，在决策问题中，提高事件发生概率估计的准确性，对于减少不确定性和降低决策风险具有重要意义。

概率是对事件发生可能性的一种客观性度量，但很多实际问题中，对事件发生的可能性缺乏客观的统计资料，这时决策者只能依据有限资料或所谓先验的信息，凭自己的经验进行估计，由这种估计得到的事件的发生概率通常称为先验概率，如 A 公司决策问题实例中石油开采出油或不出油的概率分别为 55% 和 45% 就属于先验概率。由于先验概率是一种主观的估计和选择，所以先验概率也称为主观概率。

当获得有关决策问题的进一步信息后，对先验概率的估计可能会发生变化。变化后的概率就是一个条件概率，表示在得到追加信息后对原概率的修正，故称为后验概率（或修正概率）。由先验概率得到后验概率的过程称为概率修正，有效的概率修正是减少不确定性和降低决策风险的重要手段。事实上，决策者经常是根据后验概率进行决策的，这类决策通常被称为后验决策。由于后验概率需要运用贝叶斯公式进行计算，后验决策往往也称为贝叶斯决策。

在前述A公司决策问题实例中，公司管理层为了进一步降低决策风险，考虑通过地震试验以获取更多信息，从而降低不确定性，但试验费用需200万元。地震试验获得的震动声波能够表明该地质结构是否有利于储存石油，若出现有利的震动声波，则很可能有石油，若出现不利的震动声波，则很可能没有石油。根据以往的经验，在有油情况下，地震试验出现有利震动声波的概率为0.8，出现不利震动声波的概率为0.2；在无油条件下，地震试验出现有利震动声波的概率为0.15，出现不利震动声波的概率为0.85。而且当试验出现有利震动声波时，开采权的转让费将增至4000万元，当试验出现不利震动声波时，开采权的转让费将降至1000万元。

这样，A公司的管理层就需要面对一个两阶段的序贯决策问题，即：第一阶段为要不要做地震试验，第二阶段为在做试验或不做试验的条件下，是采取钻井策略还是出让开采权（为方便叙述，将该问题称为A公司第二决策问题）。

决策者首先需要根据给出的地震试验信息，对出油或不出油的先验概率进行修正，即计算后验概率。为方便叙述，对采取不同决策方案时出现的事件分别进行标记如下：用A_1表示开采时出油，A_2表示开采时不出油，B_1表示地震试验时震动声波显示有利，B_2表示地震试验时震动声波显示不利。$P(A_1)=0.55$和$P(A_2)=0.45$表示先验概率，$P(A_1|B_1)$、$P(A_2|B_1)$、$P(A_1|B_2)$和$P(A_2|B_2)$分别表示当地震试验出现有利或不利震动声波条件下开采出油或不出油的概率，即后验概率。后验概率根据贝叶

斯公式进行计算，计算结果分别为：$P(A_1|B_1)$=0.867；$P(A_2|B_1)$=0.133；$P(A_1|B_2)$=0.223；$P(A_2|B_2)$=0.777；$P(B_1)$ 和 $P(B_2)$ 可以用全概率公式进行计算，计算结果为：$P(B_1)$=0.5075；$P(B_2)$=0.4925。

这样，就可以建立 A 公司第二决策问题的分析模型了，由于是序贯决策问题，建立决策树模型是合适的，具体如图 6-3 所示。

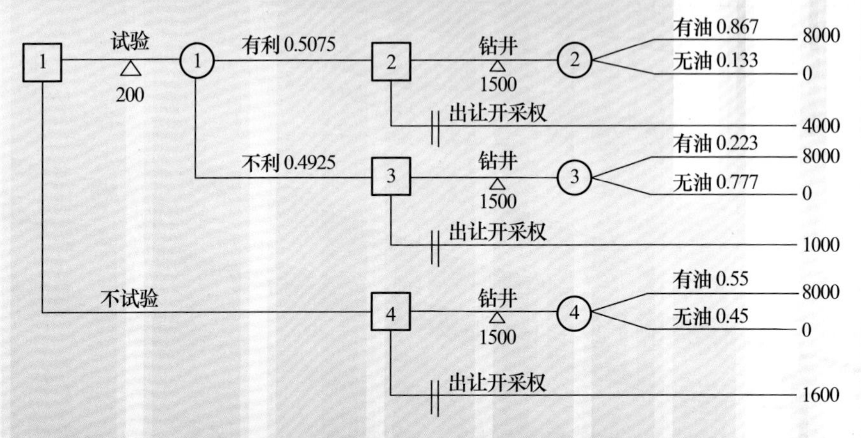

▲图 6–3　A 公司第二决策问题的决策树模型

根据决策树模型和最大收益期望值准则进行决策分析的过程如下：

计算事件点②③④的期望值分别为 6936、1784 和 4400。

在决策点 2，由于 max{6936–1500, 4000}=5436，所以选择钻井策略。

在决策点 3，由于 max{1784–1500, 1000}=1000，所以选择出让开采权策略。

在决策点 4，由于 max{4400–1500, 1600}=2900，所以选择钻井策略，该决策点即是 A 公司第一决策问题的决策树描述方式。

由此可以得到事件点①的期望值为 3251.3。

在决策点 1，由于 max{3251.3–200, 2900}=3051.3，所以选择地震试验方案。

因此，最后的决策方案为：先进行地震试验，当结果显示震动声波好时，选择钻井策略；当结果显示震动声波不好时，选择出让开采权策略，期望收入为 3051.3 万元。

6.4　发现信息的价值

为了获得更大的收益和降低决策风险，决策过程中需要获取有意义的决策信息。然而，获取决策信息需要花费一定的费用进行调查研究或试验，但究竟花费多少费用才算合理呢？回答这个问题需要涉及信息的价值。在决策分析理论中，通常把信息本身能带来的新的收益称为信息的价值。

在 A 公司第二决策问题中，进行地震试验和不进行地震试验期望收入的差值为：3251.3–2900=351.3（万元），这一差值是后验信息所带来的新的收益，即后验信息的价值。因为 351.3>200，即后验信息所带来的价值大于获取该信息所付出的成本，所以应当进行地震试验以获取后验信息。

在估算信息的价值时，如果没有任何可以参照的基准数据，可以考虑估算信息价值的极限值。假设通过调查研究或试验能够明确地识别出采取各决策方案将要发生的真实的自然状态，就可以说为决策提供了完美信息，而在这种情况下，无论哪个自然状态被识别，决策者自然会选择在该状态下具有最大收益的决策方案。由于决策者预先不知道哪个自然状态将被识别，具有完美信息期望收益的计算（不考虑调查研究或试验的成本）需要利用自然状态的先验概率加权每个自然状态的最大收益，而由此得到的收益的期望值要比不进行调查研究或试验时高，这时的收益值称为具有完美信息的期望收益 (Expected Profit of Perfect Information, EPPI)，而把完美信息本身能带来的新的收益称为完美信息的价值 (Expected Value of Perfect Information, EVPI)，即：

EVPI = EPPI– 不进行调查研究或试验的期望收益

A 公司第一决策问题具有完美信息情况下的决策见表 6-6，EVPI 表

明了信息价值的上限。

表 6–6　A 公司第一决策问题具有完美信息情况下的决策（单位：万元）

方案及计算	55% 出油	45% 不出油
1. 开采石油	8000	–1500
2. 转让开采权	1600	1600
完美信息下的最大收益	8000	1600
具有完美信息的期望收益 =0.55 × 8000+0.45 × 1600=5120		
EVPI=5120–2900=2220		

6.5　考虑决策者的风险偏好

最大收益期望值准则是最常用的决策准则，然而由于收益期望值通常采用客观的货币价值作为度量指标，并没有反映出决策者本身对待风险的态度和风险偏好，在实际决策过程中，决策者往往不会完全执行这个决策原则。下面的实例很好地说明了这一点。

例如，一个人需要对以下两个投资方案进行选择：

方案 A：41% 的机会获得 10000 元，但 59% 的机会一无所获。

方案 B：100% 确定获得 3000 元。

方案 A 的期望收益为 4100 元，方案 B 的期望收益为 3000 元，如果按照最大收益期望值准则该人应选择方案 A。但这是在没有涉及该人实际意愿倾向的情况下所做出的纯理性选择。如果该人是个穷人，目前正在为生活费用一筹莫展，那么，该人很可能选择方案 B 稳获 3000 元，而不会去冒一无所获的风险；而如果该人是个富人，并喜欢冒险，那么，该人就很可能选择方案 A。

在实际中，决策者往往根据不同方案或结果对其需求欲望的满足程度来进行决策，而不仅仅是依据期望收益最大进行决策。为了衡量或比较不同的商品、劳务满足人的主观愿望的程度，经济学家和社会学家们提出了效用这个概念，并在此基础上建立了效用理论。实际上，在决策分析中经常用货币的期望效用值最大准则代替期望收益值最大准则。

效用是人们主观上对货币价值的一种衡量标准，是一个属于主观范畴的概念。在同等风险程度下，不同决策者对待风险的态度是不一样的，即相同的货币量在不同人看来具有不同的效用，另外，同一货币量，在不同风险情况下，对同一决策者来说也具有不同的效用值。也就是说，效用是因人、因时、因地而变化的，同样的货币价值对不同人，在不同时间或不同地点具有不同的效用。在决策分析中，用效用值来度量人们对待风险的态度和风险偏好，通常能够较好地解释现实中的某些决策行为。

效用值是实际货币值的函数，同实际的货币值不同，效用值的大小通常被设定为一个相对数字，例如：如果将决策者最偏好、最倾向、最愿意的事物（或方案）的效用值设定为1，而最不喜欢、最不倾向、最不愿意的事物（或方案）的效用值设为0，那么决策者对不同事物的效用值就在0至1之间变化（当然也可设定效用值在0至100之间、0至1000之间等）。若用M表示实际的货币值，则效用值可以记作$U(M)$。若M_1代表有100元的收入，M_2代表有50元的收入，则对任何人都有$U(M_1)>U(M_2)$；又若对某个人有$U(M_1)>U(M_2)$、$U(M_2)>U(M_3)$，则对这个人来说，一定有$U(M_1)>U(M_3)$。

某个决策者对不同货币量的效用值可采用无差别原则确定，即：规定如果一个决策者对可能出现的两种结局认为无差别的话，则认为两者的效用值相同，可以此为准则来计算每个人对不同货币值的效用值，并据此画出每个人的效用曲线。下面的实例说明了运用无差别原则确定决策者效用曲线的基本方法。

假定决策者A、B、C对0元收入的效用值都为0，记为$U(0)=0$；对有10000元收入的效用值都为100，即$U(10000)=100$。为获得三位决策者对5000元收入的效用值，采用提问方式得到以下结论：决策者

A 认为“100% 肯定收入 5000 元”与“60% 可能得 10000 元，40% 可能得 0 元”两种结局无差别；决策者 B 认为“100% 肯定收入 5000 元”与“40% 可能得 10000 元，60% 可能得 0 元”两种结局无差别；决策者 C 认为“100% 肯定收入 5000 元”与“50% 可能得 10000 元，50% 可能得 0 元”两种结局无差别。那么，根据这些信息就可以分别求出决策者 A、B、C 得 5000 元收入时的效用值，具体如下：

对决策者 A：$U(5000)=0.6U(10000)+0.4U(0)=60$

对决策者 B：$U(5000)=0.4U(10000)+0.6U(0)=40$

对决策者 C：$U(5000)=0.5U(10000)+0.5U(0)=50$

可以看出，相同的货币值对决策者 A、B、C 的效用值不一样，这反映出不同决策者对待风险的不同态度。按照无差别原则，如果继续估算出决策者 A、B、C 对 0~10000 元之间的各种收入的效用值，就可以画出图 6-4 所示的效用曲线。

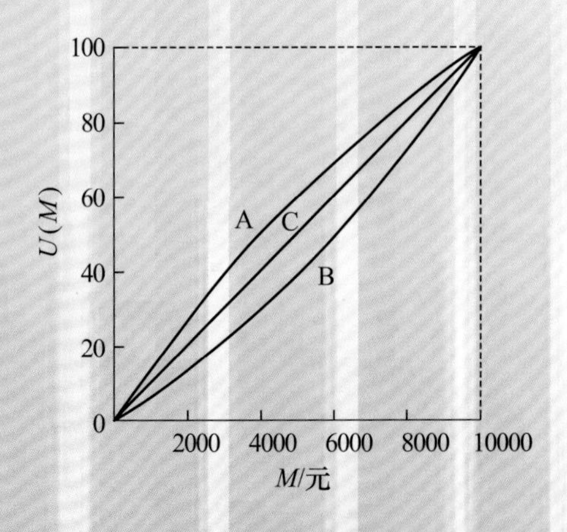

▲ **图 6-4　不同决策者的效用曲线**

该图反映了三类决策者对待风险的三种态度。决策者 A 对于肯定收入的效用值高于具有相同期望值收入的效用值，说明他宁愿少得钱也不愿冒风险多拿钱，对待风险持保守态度；决策者 B 恰好相反，他对于肯定收入的效用值要低于具有相同期望值收入的效用值，为了多得到钱宁愿去冒风险，他是敢于冒风险的人；决策者C对待风险持不偏不倚的态度，他对于肯定收入的效用值，处处等于具有相同期望值收入的效用值，是风险的中立主义者。

一个人对待风险的态度，除性格等因素外，与他的财产地位、经济状况密切有关。如果关系到上千万元的风险得失，资金很少的企业当然持慎重态度，往往偏于保守，而对拥有百亿财富的大财团则往往偏于乐观，但如果关系到几十亿财富的得失，即使百亿财富的大财团也可能持稳重态度。

在A公司第二决策问题中，设公司决策者的效用曲线如图6-5所示，根据期望收入的效用值最大准则可以重新确定该企业的最优策略（为方便叙述，将该问题称为A公司第三决策问题）。

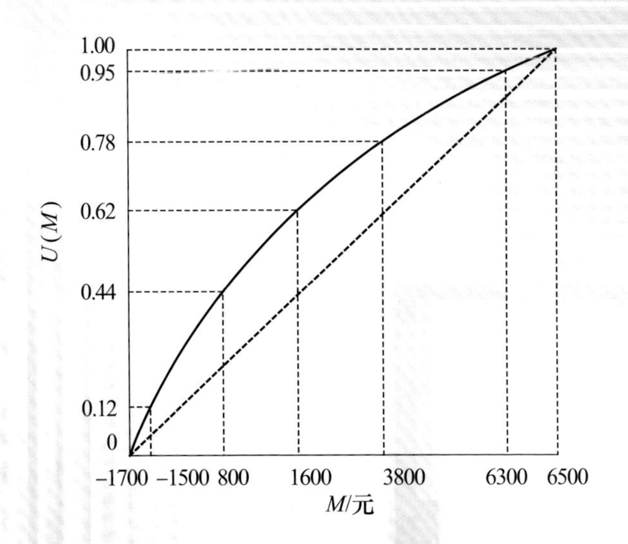

▲ 图 6-5 A公司决策者的效用曲线

A公司第三决策问题的决策树模型与A公司第二决策问题的决策树模型基本相同，但需要把试验、钻井等费用都反映到树梢上，并根据图6-5找出各树梢结果数字对应的效用值，然后按A公司第二决策问题的决策分析方法，根据最大效用期望值准则确定最优策略，该问题的决

策树模型如图 6-6 所示。

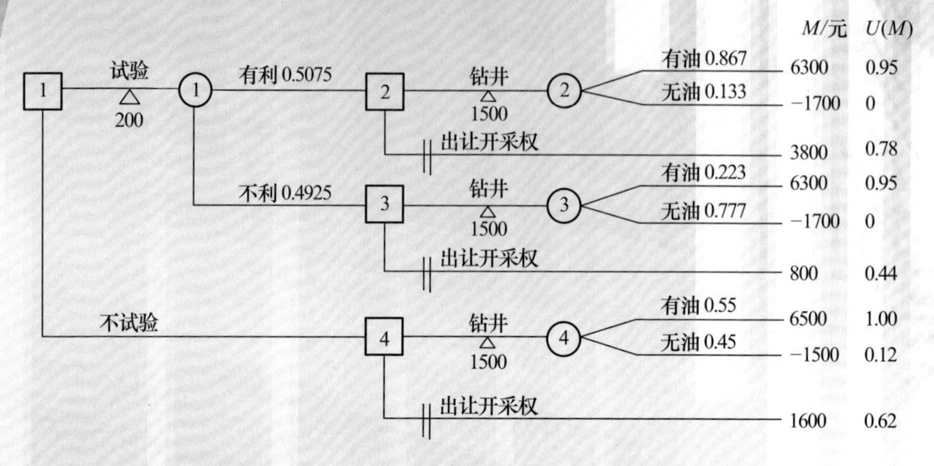

▲ 图 6−6　A 公司第三决策问题的决策树模型

计算事件点②③④的效用期望值分别为 0.824、0.212 和 0.604。

在决策点 2，由于 max{0.824, 0.78}=0.824，所以选择钻井策略。

在决策点 3，由于 max{0.212, 0.44}=0.44，所以选择出让开采权策略。

在决策点 4，由于 max{0.604, 0.62}=0.62，所以选择出让开采权策略。

由此可以得到事件点①的效用期望值为 0.635。

在决策点 1，由于 max{0.635, 0.62}=0.635，所以选择地震试验方案。

因此，最后决策方案为：先进行地震试验，当结果显示震动声波好时，选择钻井策略；当结果显示震动声波不好时，选择出让开采权策略。

第 7 章　应对竞争的理性决策

在第 6 章应对不确定性的决策分析中，决策者的主要对手是“大自然”，它对决策者的各种策略不产生回应，更没有报复行为。例如，在 A 公司的各决策问题当中，影响决策的主要因素是所属土地是否储存石油，而土地是否储存石油是土地的一个自然属性，并不会随着决策者的任何决策或行动而发生改变，也就是说，决策者与“大自然”这个对手之间并不存在着竞争或者利益对抗的现象。然而，在实际社会生活和各种经济、军事活动中，经常碰到各种各样竞争或利益相对抗的现象，如下棋和打球等各种竞技性活动、企业之间为争夺市场展开的价格战和广告战、军事斗争中双方兵力的对垒等，竞争的各方总是希望用最好的战术去取胜，这样一类现象通常被称为博弈。有人的地方就有竞争，有竞争的地方就有博弈，从战场到商场，从政治到管理，从恋爱到婚姻，从生活到工作，几乎每一个人类行为都离不开博弈，博弈作为一种争取利益的竞争，始终伴随着人类的发展。

博弈实际上是一类应对竞争或对抗的特殊决策过程，涉及比较复杂的决策分析问题，需要借助科学有效的方法，运筹学中的博弈论则提供了相应的理性决策分析框架和科学手段。博弈论利用规则、身份、信息、行动、效用、平衡等各种量化概念，对博弈的本质和逻辑进行量化分析，使用严谨的数学模型研究竞争条件下的最优决策问题，能够非常精妙地分析竞争和利益对抗环境中的各种“事理”，也能够清晰地揭示人们的各种互动行为和竞争关系，为人们正确决策提供了坚实的理论基础。

由于大多数工程技术人员通常面对的都是一些工程实际问题或自然科学问题，主要的博弈对手是“大自然”，他们往往对工作和生活当中人们之间的各种相互依存相互制约的竞争关系不够敏感，也不能深入了解这些关系对事物发展所产生的各种微妙和深远的影响，并且缺乏在竞

争环境中进行理性分析和决策的能力，在实际工作和生活当中更容易为个人或集体利益带来一些潜在的风险和损失。因此，为了弥补这方面的不足，工程技术人员学习一些博弈论的知识则是非常必要的。

博弈论作为一门科学学科，经过数十年的发展，已经形成了非常严谨和深邃的系统化理论，但对于工程技术人员，关键是要掌握博弈论的精髓，理解其深刻的内涵，树立良好的竞争意识和培养有效的博弈思维模式。为此，下面将依照工程师的认知习惯和模式，从分析竞争条件下理性思维的基本逻辑入手，深入浅出地揭示博弈论的基本思想和方法，以帮助工程技术人员能够以更加理性和积极的方式应对各种各样的竞争局势。

7.1 竞争条件下理性思维的基本逻辑

有人的地方就有竞争，有竞争的地方就有博弈，不管是主动参与还是被动卷入，我们都处于世事的弈局之中，每个人都如同一个棋手，时时刻刻都在一张或有形或无形的棋盘上进行着各种形式的对弈。每个人都经历过胜利的喜悦和失败的伤痛，但更多的是处于举棋不定的纠结状态之中，在这样的情形下，我们总是希望自已能够独具慧眼，洞明世事。如同夜晚在陌生的地方迷路，不知道哪里会有陷阱，哪里会有障碍，我们迫切希望得到一张地图和一盏明灯，而不是将找到出路的希望寄托在不断的摸索和幸运之上。

博弈论就如同人们在夜晚迷路时所需要的地图和明灯，能够帮助人们看清前行的道路。博弈论首先是一套帮助人们如何在竞争局势中进行理性思维的逻辑，是来源于社会生活、应用于社会生活并用于解决实际问题的逻辑。这一逻辑的基本内涵就是要理解对手的想法和保持理性，下面将分别进行阐述。

1. 理解对手的想法

假设有人邀请你参加一场猜数游戏，邀请方已从 1 到 100 之间选出了某个数，而你的任务是猜中这个数。对这个数字一猜即中的机会很小，仅为 1%，为了增加你赢的机会，可以让你猜五轮，且每轮猜错后都会告诉你猜得太高还是太低。为了激励你尽快完成任务，邀请方规定了奖励规则：若你一猜即中，你将得到 100 美元；若你在第二轮猜中，你将得到 80 美元；第三轮才猜中，奖励就降为 60 美元；然后第四轮将为 40 美元，第五轮将为 20 美元；若五轮皆未猜中，游戏便会结束，你将一无所获。

假设这是你在参加一个软件公司招聘工程师时所遇到的一道面试题，那么，你将如何完成这一猜数任务呢？实际上，这的确是微软公司在招聘工程师时曾经使用过的一道面试题，目的是看看候选人能否用最符合逻辑和最有效的方式去分析所探求的问题，而面试官所希望听到的答案是这样的：为了从每一轮猜测中获得尽可能多的信息，从而尽快收敛到那个数，应当采取把区间二等分并选择中间数的猜测方式，即：第一轮应当猜 50，如果被告诉这个数太高了，第二轮应当猜 25；如果猜 25 被告诉太低了，第三轮就会猜 37；如果被告诉还是太低，那么第四轮就猜 43；如果被告诉还是太低，就可以知道那个数将大于 43 而小于 50；那么，在最后的第五轮猜测中就在 44、45、46、47、48 和 49 中随机猜一个数，如果继续按照二分法那么应当猜 47。

现在假设你真的被邀请参加这样一个游戏，邀请方真的会按照奖励规则给你奖金，那么你将如何完成这一猜数任务呢？你还会按照工程师面试时的思路采用二分法来猜吗？

在工程师面试问题中，数字都是随机挑选的，所以工程师们采取把数集一分为二加以攻克的策略是完全正确的。从每轮猜测中得到尽可能多的信息，会减少猜测的次数，因而也可以赢得最多的钱。但在真实的

游戏中，邀请方为了少损失钱，就会设法降低你猜中的机会，他会首先分析你的选择思路，如果预计你会采用二分法依次猜 50、25、37、43 和 47，就可能特意选一个你不容易猜到的数，比如 48。因此，在真实的游戏中数字并不是随机挑选的。

要想在这场游戏中获胜，参与者必须比邀请方进行更进一步的思考："他们想让我在最后一轮中猜 47，那我就应该猜 48 或 46"。当然，如果邀请方预料到参与者可能已经察觉了游戏规则，可能就会直接选 47。这样，游戏就演变为一场博弈。

设计这场游戏的目的不在于警示人们如何提防各种骗局，而在于揭示在竞争环境中人们必须将其他参与方的目标和策略作为思维的基本出发点。如果所有的参与方都能够根据其他参与方的目标和策略采取行动，就使得所参与的事件升级为一场博弈。在猜测一个随机挑出的数字时，这个数字不会被刻意挑选，你可以用工程师的思维将区间一分为二就能做到最好。但在博弈中，你需要考虑其他参与方将如何行动，以及那些人的决策将如何影响你的策略。

这个游戏所揭示的博弈现象在古今中外的各种场景不断发生和上演，下面再看一个颇为类似的经典战例。

在《三国演义》中，赤壁之战后，孔明预知曹操兵败赤壁，便派刘备手下的几员大将在曹操逃跑的线路上伏击。孔明曰："云长可于华容小路高山之处，堆积柴草，放起一把火烟，引曹操来。"云长曰："曹操望见烟，知有埋伏，如何肯来？"孔明笑曰："岂不闻兵法虚虚实实之论？操虽能用兵，只此可以瞒过他也。他见烟起，将谓虚张声势，必然投这条路来。将军休得容情。"云长领了将令，引关平、周仓并五百校刀手，投华容道埋伏去了。

曹操果然兵败赤壁，在逃跑的路上屡次遭遇围追堵截。一日，正行时，军士禀曰："前面有两条路，请问丞相从哪条路去？"操问："哪条路近？”军士曰：“大路稍平，却远五十余里。小路投华容道，却近五十余里，只是地窄路险，坑坎难行。”操令人上山观望，回报：“小路山边有数处烟起，大路并无动静。”操教前军便走华容道小路。诸将曰：“烽烟起处，必有军马，何故反走这条路？”操曰：“岂不闻兵书有云：虚则实之，实则虚之。诸葛亮多谋，故使人于山僻烧烟，使我军不敢从这条山路走，他却伏兵于大路等着。吾料已定，偏不教中他计！”诸将皆曰：“丞相妙算，人不可及。”遂勒兵走华容道。

最后的结局是人所共知的，留下了一出“捉放曹”的典故（图 7-1），由此也让我们体会到什么是“魔高一尺，道高一丈”。

▲ 图 7–1 捉放曹

真实世界中的各种博弈事件留给我们最深刻的教训就是必须充分理解对手的想法。人们在本性上倾向于以自我为中心，只关注自己的理解和自身的需要。但如果提升到“理性竞争”的思维层次，那就不能囿于自我中心，而是要充分分析对手的立场、观念和偏好，并运用这种对对手的理解来指导我们的行动。

2. 保持“理性”

人的理性，可以理解为对人类活动进行概括和抽象的一种能动性，

是人类能够揭示各种现象背后动因的内在力量。一个理性的人对自己以及他人的认知和行为都有独立而清晰的判断。

博弈论作为一门学科得以建立的一个基本理论前提就是将“人都是具有理性的”作为博弈分析的一个默认条件，通常称为“理性人假设”（hypothesis of rational man）。具体来讲，这里的“理性”包括两层含义：第一是认知的理性，认为人是自我利益的判断者，清楚地知道自己最看重的是什么；第二是行为的理性，认为人是自我利益的追求者，在各种条件许可的情况下，一定会选择自己最看重的事物。在博弈论中，假设参与者都是理性的，即假设：每一方都能在决策时充分考虑到当前面临的局势，也会顾及对方的行动对自己造成的影响与后果，根据各种推测选择使自己利益最大化的策略。

在“理性人假设”的前提下，就可以进一步假设博弈的所有参与者对博弈的基本内容都拥有共同认知，即共同知识假设（hypothesis of common knowledge），这样就使得对博弈行为和结果进行分析成为可能。共同知识假设主要包括以下几方面内容。一是对参与者的“理性” 拥有共同认知，即假设：① 参与者 A 和 B 都是理性的；② A 知道 B 是理性的，B 也知道 A 是理性的；③ A 知道“B 知道他是理性的”，B 也知道“A 知道他是理性的”，如此循环无尽。二是对博弈的规则拥有共同认知，即：① A 和 B 都知道博弈的规则；② A 知道“B 知道博弈的规则”，B 也知道“A 知道博弈的规则”；③ A 知道“B 知道他知道博弈的规则”，B 也知道“A 知道他知道博弈的规则”，如此循环无尽。三是博弈的参与者不仅知道博弈的物理结构，而且像一个系统外的观察者一样知道博弈的知识结构，由此参与者才能建立博弈分析模型并且能够推导出博弈的最佳结果。

理性人假设和共同知识假设对博弈论来说意义重大，确立了人们对博弈行为和结果进行合理预期的可能性。试想，如果人们都缺乏应有的理性，知识背景也脱离常识，那么人们的行为就变得难以预测，那么不仅关于博弈的科学理论无法建立，所有关于社会科学的理论也都失去了建立和发展的基础。

人的理性虽然是博弈论的一个基本前提，但也表明了保持理性对于人们参与竞争的重要意义。在博弈中保持“理性”的一个意义就是要求我们时刻保持警醒：在这个激烈竞争的社会中，在人与人的博弈中，你的对手永远都是聪明且有主见的主体，是关心自己利益的活生生的主体，而不是被动的和中立的角色。也就是说永远都不要低估你的对手，永远都不要轻率地认为你的对手已经失去了理性。对于对手的理性，任何形式的低估和轻视都是一种缺乏理性的表现。

如果博弈参与者拥有非常完美的理性（像上帝一样的观察者），那么博弈的路径和博弈者的行为选择就是严格决定论的；如果博弈参与者是完全无知的，那么他的行为选择就是完全随意的。然而，在现实世界中，博弈参与者的理性都是处于完美与完全无知两个极端的某个中间位置，也就是说，人们的理性存在一定的局限性。因此，现实的选择存在无穷多种可能性。在博弈中保持理性的另一个意义就是要求我们从理性的视角去认识理性的局限性，这种局限性一旦被对方察觉，往往成为博弈中被对手利用和攻击的软肋。在竞争环境中，人们应当不断利用博弈论的逻辑和方法去评价这种局限性所产生的影响。

现实社会是复杂的，人们的理性是有局限性的，往往两者的交互作用导致人们被各种表面现象所蒙蔽，只见树木不见森林，抓不住问题的实质。博弈论对于解决现实问题的重要意义就在于通过对现实问题进行抽象化的表达，可以使人们将容易迷惑自己的干扰全部去掉或者降至最低，从而能够专注于考虑问题的关键，进而抓住问题的实质。这是理论的力量，也是人的理性的力量。

7.2 认清竞争中的困境

在现实社会中，竞争无处不在，而在不同的环境条件下，人们会遭遇不同的竞争困境。辨别和认清竞争中的困境，是人们以理性的方式参与博弈的前提。博弈论对不同竞争困境进行了识别和分类，每一类都以一个假想的案例作为模板并命名，比较著名的包括囚徒困境、智猪博弈和斗鸡博弈等三个模型。人们将现实世界遇到的困境与这些模型进行对照，就能够获得比较清醒的认识，下面将分别进行阐述。

1. 囚徒困境

一天，警局接到报案，一位富翁被杀死在自己的别墅中，家中的财物也被洗劫一空。经过多方调查，警方最终将嫌疑人锁定在甲和乙身上，因为事发当晚有人看到他们两个神色慌张地从被害人的家中跑出来。警方到两人的家中进行搜查，结果发现了一部分被害人家中失窃的财物，于是将二人作为谋杀和盗窃嫌疑人拘留。但是到了拘留所里面，两人都矢口否认自己杀过人，他们辩称自己只是路过那里，想进去偷点东西，结果进去的时候发现主人已经被人杀死了，于是他们便随便拿了点东西就走了。这样的解释不能让人信服，而且谁都知道在判刑方面杀人要比盗窃严重得多。于是警察决定将两人隔离审讯。

隔离审讯的时候，警察告诉甲："尽管你们不承认，但是我知道人就是你们两个杀的，事情早晚会水落石出的。现在我给你一个坦白的机会，如果你坦白了，乙拒不承认，那你就是主动自首，同时协助警方破案，你将被立即释放，而乙则要坐 8 年牢；如果你们都坦白了，每人坐 3 年牢；都不坦白的话，可能以入室盗窃罪判你们每人 1 年，如何选择你自己想一想吧。"同样的话，警察也说给了乙。

作为局外人，容易看出甲乙二人所应采取的最好策略是双方都不坦白，结果是每人只被判入狱 1 年。但是作为局中人的两人，他们到底应该怎样选择才能将自己个人的刑期缩至最短呢？这里需要注意的是，两名囚徒被隔离监禁，并不知道对方的选择，而即使他们能交谈，在面临最终选择时还是无法确定对方是否会背叛。

如果甲乙二人都是理性的，我们来设想两名囚徒会如何做出选择。甲会这样推理：如果乙选择了不坦白，那么，我若坦白，将被立即释放，若不坦白则要坐牢 1 年，显然坦白比不坦白要好；如果乙选择了坦白，那么，我若不坦白，则要坐牢 8 年，若坦白只判 3 年，显然还是以坦白为好，所以，无论乙坦白还是不坦白，我的最佳选择都是坦白。也就是说，选择坦白一定是甲的优势策略。自然，乙也会如此推理。

就个人的理性选择而言，背叛对方所得刑期，总比沉默要来得低。于是两人都做出坦白的选择，这对他们两个人来说都是最佳的，即最符合他们个体理性的选择。由于每个囚徒都发现坦白是自己更好的选择，博弈的稳定结果是两个囚徒都会选择坦白。博弈双方都想赢得最大收益，但结果却是“两败俱伤”，陷入了困境。

这一案例被称为“囚徒困境”，是学习博弈论无法忽略的一个博弈模型（图 7-2）。

▲ 图 7-2 囚徒困境

在现实生活中的很多竞争困境都可以归结为囚徒困境，不同商家之间的价格战就是一个非常典型的实例。

出售同类产品的商家之间本来可以通过共同将价格维持在高位而获利，但实际上却是相互杀价，结果都赚不到钱。例如，2000 年，我国几家生产彩电的大厂商曾合谋将彩电价格维持高位，他们搞了一个“彩电厂家价格自律联盟”，并在深圳举行了由多家彩电厂商负责人参加的“彩电厂商自律联盟高峰会议”。当时，国家有关部门还未出台相关的反垄断法律，对于这种在发达国家明显违法的行为，我国在法律上暂时还是无能为力的。虽然政府没有制止这种事情，但公众也不必担心彩电价格会上涨。因为，正如当时中国的一些经济学家所指出的那样，“彩电厂商自律联盟”内在的不稳定性和非合作均衡特点将会导致其自然破产，彩电价格不会上涨。果真如此，在“高峰”会议之后不到两周，国内彩电价格不仅没有上涨，反而一路下跌。因为“联盟”内所有成员都有一种机会主义倾向：如果其他成员遵守协议进行提价或不降价，我自己偷偷降价就可以更快地将别人的市场抢过来；而如果其他成员也如此打算，他们也可能降价，那么，自己则需要尽快以更大幅度降价才不会丢失已有市场。假定每一名成员都会有这种想法，其结果是大家都会争相降价，最终导致价格不是上涨而是下跌。事实上，当时在“高峰”会议之后，寡头们就对代理销售商的降价行为视而不见，而代理商又通过媒体明确表示不会提价，最后终于酿成一股降价之风。

2. 智猪博弈

在一个猪圈里，圈养了两头猪，一大一小，并且在一个食槽内进食。根据猪圈的设计，猪必须到猪圈的另一端碰触按钮，才能让一定量的猪食落到食槽中。当其中一只猪去碰按钮时，另一只猪便会趁机抢先去吃落到食槽中的食物。而且，由于从按钮到食槽有一定的距离，所以碰触按钮的猪所吃到的食物数量必然会减少。假设落入食槽中的食物是 10

份，且两头猪都具有智慧，那么会出现以下 4 种情况：

（1）如果大猪前去碰按钮，小猪就会等在食槽旁。由于需要往返于按钮和食槽之间，所以大猪只能在赶回食槽后，和小猪分吃剩下的食料。最终两只猪的进食比例是 5 : 5。

（2）如果小猪前去碰触按钮，大猪则会等在食槽旁边。那么，等到小猪返回食槽时，大猪刚好吃光所有的食物。最终的进食比例是 10 : 0。

（3）如果两只猪同时去碰触按钮，再一起跑过去吃，最终两只猪的进食比例是 8 : 2。

（4）如果两只猪都不去碰触按钮，那么两只猪都不得进食，最终的比例是 0 : 0。

无论是大猪还是小猪都只有两种选择：要么等在食槽旁边，要么前去按按钮。进一步分析可以发现，对于大猪而言，如果小猪选择“按”，自己就应选择“等”；如果小猪选择“等”，自己就应选择“按”。对于小猪而言，如果大猪选择“按”，自己应选择“等”；如果大猪选择“等”，自己仍然应该选择“等”。换句话说，无论大猪是“按”还是“等”，对于小猪来说“等”都比“按”好。所以小猪的优势策略就是等在食槽旁，而大猪已经不能再指望小猪去按按钮了，而自己去按按钮的话，至少还能吃上一半，要不就都得饿肚子。于是，它只好来回奔波，小猪则坐享其成。

智猪博弈（图 7-3）其实是一个搭便车的博弈，反映了具有不同实力的竞争对手之间可能遭遇的竞争困境，即一方付出了相应的代价，但是双方共享收益。

在现实生活中，我们时常看到这样一种现象：实力雄厚的大品牌会对某类新产品进行大规模的产品推广活动，投放大量的广告。不过，过一段时间后，当我们去选购这类产品时，却发现品牌繁多，一些不知名的小品牌也在出售这类商品，却未曾看到这些小品牌对自己生产的同类

产品进行推广。这种竞争现象就是一种典型的智猪博弈。

▲ 图 7-3　智猪博弈

要想推出一种商品，产品的介绍和宣传是不可缺少的，不过由于开支过于庞大，小品牌大多无法独立承担。于是，小品牌“搭乘”大品牌的便车，在大品牌对产品进行宣传，并形成一定的消费市场后，再投放自己的产品，把它们与大品牌的同类产品摆放在一起同时销售，并以此获取利润。很显然，在这场博弈中，小品牌就是“小猪”，而资金和生产能力都具有某种规模的大品牌则是“大猪”。

3. 斗鸡博弈

在斗鸡场上，有两只势均力敌且好战的公鸡遇到了一起。每只公鸡有两个行动选择：一是进攻，二是后退。如果一方后退，而对方没有后退，则对方获得胜利，后退的公鸡会很丢面子；如果自己没后退，而对方后退，则自己胜利，对方很没面子；如果两只公鸡都选择进攻，那么会出现两败俱伤的结果；如果双方都后退，那么它们打个平手，谁也不丢面子。

斗鸡博弈（图 7-4）描述的是两个强者在对抗冲突的时候，如何能让自己占据优势，获得最大收益，确保损失最小。斗鸡博弈中的参与双方都处在一个力量均等、针锋相对的紧张局势中。

▲ 图 7-4 斗鸡博弈

斗鸡博弈中参与双方容易遭遇一种困境：某种情况下，参加博弈的一方表现得越不理性，就越有可能获胜，得到理想的结果。如果把后退的一方称为“胆小鬼”，那么，一往无前的一方则应当称为“亡命徒”。一般情况下，人们都会认为“胆小鬼”比“亡命徒”更为理性，因为选择后退只是让人丢面子，但是不选择后退则可能让人丢性命。也正是因为人们都有这种“胆小鬼”的理性，所以那些“亡命徒”才能够乘虚而入，从而获得理想的结果。

20 世纪 70 年代，在通用食品公司与宝洁公司的斗争中，通用食品公司就凭借其“鲁莽”和“粗暴”而获得了斗争的胜利。当时美国通用食品公司和宝洁公司都生产非速溶性咖啡，通用食品公司的 Maxwell House 咖啡占据了美国东部 43% 的市场，宝洁公司的 Floger 咖啡的销售额则在西部领先。1971 年，宝洁公司在俄亥俄州打广告试图扩大东部市场，通用食品公司就立即增加了俄亥俄地区的广告投入并大幅度降价，Maxwell House 咖啡的价格甚至低过了成本，通用食品公司在该地区的利润率从降价前的 30% 降到了降价后的 –30%。在宝洁公司放弃在该地区的努力后，通用食品公司也就降低了在该地区的广告投入并提升了价格，将利润恢复到了降价前的水平。后来，宝洁公司在两家公司共

同占领市场的中西部城市杨斯顿增加广告并降价，试图将通用食品公司逼出该地区市场。作为“报复”，通用食品公司则在堪萨斯地区降价。几个回合后，通用食品公司树立了一个“粗暴的报复者”形象，这实际上向其他企业传递了一个信号：谁要跟我争夺市场，我就跟谁同归于尽。于是在以后的岁月中，几乎没有公司再试图与通用食品公司争夺市场。

通用食品公司一直在用这种“自杀式的报复行为”树立“粗暴者”的形象，在斗鸡博弈中，一直表现出强者的姿态，先发制人，从而使对手感到害怕而退避三舍。

7.3 发现竞争中的均衡局势

当我们遭遇竞争困境时，我们都希望选择一个最佳策略来参与博弈。但从上一节关于囚徒困境、智猪博弈和斗鸡博弈的分析中可以看出，由于人们在进行策略选择时，需要首先考虑其他参与方是如何考虑的，即“我认为他会选择……”，然后还要反过来站在其他参与方的立场进行换位思考，即“我认为他认为其他人会选择……”。这种来来回回、反反复复的思考，就很容易导致思维混乱，并可能形成一个没有尽头的思维循环。

为了破解博弈中这种“我认为他认为”的思维循环，在博弈分析时应当首先从一个理性的视角去预测博弈的最终结局。试想，如果存在这样一种博弈的结局，在该结局中，所有参与者都已经无法通过改变自身的策略或行为来增加收益，那么，此时各方所采用的策略就应是该博弈的一个最优策略组合。这一最优策略组合所得到的结果，并不意味着是参与者希望得到的最优结果，却是各方都愿意接受的均衡结果。当这种博弈结局被找到时，“我认为他认为”的思维循环也就被巧妙地破解了，这样的结局被称为参与者思维过程的静止点，但更普遍的称谓是博弈的均衡。为了纪念美国数学家约翰·纳什（图 7-5）对博弈论的巨大贡献，在博弈论中经常把这种均衡称为纳什均衡。

▲ 图 7-5 约翰·纳什

纳什均衡是一种策略组合，是每个局中人对其他局中人策略的最优反应。经济学中的均衡理论指出，当一个系统处于平衡状态时，系统中的各参与方都不会主动采取行动偏离这个状态，因为当其他参与方不采取行动时，谁采取任何偏离平衡状态的行动只会给自己带来损失。可见，纳什均衡是经济学均衡理论在博弈论中的具体体现。

明确竞争中的均衡局势，即确定纳什均衡解，是博弈分析最核心的问题，以下将根据上一节提及的几个经典的博弈模型，介绍其基本思想和方法。

1. 建立博弈模型

确定纳什均衡解需要首先建立博弈分析模型。博弈模型一般包含以下三个基本要素：

（1）局中人。局中人是指参与博弈的各方，是具有理性选择能力的主体。博弈的局中人可以是个人，也可以是组织，但局中人必须是有决策权的主体，而不是参谋或从属人员。局中人可以有两方，也可以有多方。在存在多方的情况下，局中人可以有结盟和不结盟之分。

（2）策略。策略是指局中人所拥有的对付其他局中人的手段、方

案，但这个方案必须是一个独立的完整的行动，而不能是若干相关行动中的某一步。一个局中人可以拥有多个策略，一个局中人所拥有的策略总和构成该局中人的策略集。通常用 S_i 表示第 i 个局中人的策略集合，s_i 为第 i 个局中人的某一个策略。对于有 n 个局中人的博弈，每个局中人都从自己的策略集中选出一个策略，即组成了一个局势。

（3）收益。收益是局中人参与博弈的得与失，也是博弈各方最看中的目标。每个局中人在一局博弈结束时的收益，不仅与该局中人自身所选择的策略有关，而且与所有局中人各自取定的一组策略有关。所以，一局博弈结束时，每个局中人的收益是全体局中人所取定的一个策略组合的函数，故通常也称为收益函数，通常用 $u(u_1,u_2,\cdots,u_n)$ 表示，其中 u_i 为第 i 个局中人的收益。在许多博弈中，收益不能表示为金钱、时间等客观性的数量指标，而是涉及一些与主观感受相关的得失，例如幸福感、荣誉感、成就感、健康等，但为了方便进行博弈分析，应该用大小不同的数值对这些得失进行度量。

博弈中有关局中人、策略集、收益函数等构成了博弈的信息。按照局中人对信息的掌握情况，可区分为完全信息博弈和不完全信息博弈。按局中人采取行动的次序，可区分为静态博弈和动态博弈。当同时采取行动或在互相保密情况下采取行动，称为静态博弈；如果局中人采取行动有先后次序，后采取行动的人可以观察到前面人采取的行动，则属于动态博弈。因此，博弈通常分为完全信息静态博弈、完全信息动态博弈、不完全信息静态博弈和不完全信息动态博弈。当然，按局中人是否结盟，博弈还可区分为合作博弈和非合作博弈。按博弈结果，博弈分为零和博弈和非零和博弈。零和博弈是指博弈前的收益总和与博弈后的收益总和相等，博弈过程只是收益在不同博弈者之间的重新分配。在日常生活中，下棋、打牌以及赌博通常是零和博弈，即你所失去或得到的与对方得到或失去的是一样的。非零和博弈是博弈后的收益大于（或小于）博弈前的收益总和。

一般地，当局中人、策略集合和收益函数这三个基本要素确定后，一个博弈模型也就给定了。

与上一章的决策分析模型相对应，博弈模型通常也有两种描述方式，即矩阵描述方式和图的描述方式，矩阵描述方式又称为基本式。对于只有两个局中人（A、B）的博弈模型，其矩阵描述方式的一般形式见表 7-1。设局中人 A 的策略集为 a_1，…，a_m，局中人 B 的策略集为 b_1，…，b_n；c_{ij}^a 和 c_{ij}^b 为局中人 A 采取策略 a_i、局中人 B 采取策略 b_j 时 A 和 B 各自的收益。

表 7–1　博弈分析模型的矩阵描述方式

A 的策略	B 的策略			
	b_1	b_2	…	b_n
a_1	(c_{11}^a,c_{11}^b)	(c_{12}^a,c_{12}^b)	…	(c_{1n}^a,c_{1n}^b)
a_2	(c_{21}^a,c_{21}^b)	(c_{22}^a,c_{22}^b)	…	(c_{2n}^a,c_{2n}^b)
⋮	⋮	⋮		⋮
a_m	(c_{m1}^a,c_{m1}^b)	(c_{m2}^a,c_{m2}^b)	…	(c_{mn}^a,c_{mn}^b)

例如，囚徒困境博弈模型的矩阵描述方式见表 7-2。

表 7–2　囚徒困境模型的矩阵描述方式

甲的策略	乙的策略	
	坦白	不坦白
坦白	（–3,–3）	（0,–8）
不坦白	（–8,0）	（–1,–1）

2. 确定纳什均衡解

不难看出，囚徒困境、智猪博弈和斗鸡博弈等博弈模型都是有两个局中人的完全信息静态博弈，同时也是非零和博弈和非合作博弈，可以说是最简单的博弈模型，确定这类博弈模型的纳什均衡解可以采用画线法。

因为纳什均衡是每个局中人策略对其他局中人策略的最优反应，所

以，如果在博弈的矩阵模型中把每个人对其他人各个策略的最优反应结果都用画线加以标记，那么括号中全部数字都画线的单元格所对应的策略组合就是该模型的纳什均衡解。这种用来确定纳什均衡的方法称为画线法。

在表 7-2 所示的囚徒困境模型中，对于囚徒甲来说，当囚徒乙采取坦白策略时，他的最优反应是采取坦白策略，其收益为 –3，在 –3 下面画一横线；当乙采取不坦白策略时，甲的最优反应仍是坦白，收益为 0，在 0 下面画一横线。对于囚徒乙来说，当甲采取坦白策略时，乙的最优反应是坦白，收益为 –3，在 –3 下面画一横线；当甲采取不坦白策略时，乙的最优反应仍是坦白，收益为 0，在 0 下面画一横线。由此得到如表 7-3 所示结果，表中甲、乙均采取坦白时的收益数字下均画了横线，因此（–3,–3）即为所求的纳什均衡解。因为对甲来说，画横线数字是所在列的最大值，对乙来说，画横线数字是甲采取了某个策略后，他采取各种策略应对时的最大值。因此某个策略组合中的两个数字都画了横线，表明两个局中人都不愿首先偏离这个组合，谁首先偏离，谁就可能遭受更坏的结局。虽然两名囚徒的最好结局是（–1, –1），即双方均不坦白，但由于是非合作博弈，双方都从各自的利益出发，所以均不可能选择不坦白策略。虽然纳什均衡解不一定是最有利的结局，但建立在纳什均衡基础上的博弈规则或协议，却是博弈各方在没有任何外力约束下都能自觉遵守的。

表 7–3　囚徒困境模型的纳什均衡解

甲的策略	乙的策略	
	坦白	不坦白
坦白	（–3,–3）	（0,–8）
不坦白	（–8,0）	（–1,–1）

用画线法求解智猪博弈模型的结果见表 7-4。该博弈的纳什均衡解是（5, 5），即（大猪按按钮，小猪等待）。虽然大猪付出了按按钮的代价，却只得到和小猪一样多的收益，真可谓“多劳不多得”。

表 7–4 智猪博弈模型的纳什均衡解

大猪的策略	小猪的策略	
	按按钮	等待
按按钮	(8,2)	(5,5)
等待	(10,0)	(0,0)

在斗鸡博弈中，双方的收益是荣誉感或者身体健康方面的得失，为了方便进行博弈分析，需要对这些得失进行度量。不妨假设：如果两只公鸡均选择“进攻”，结果是两败俱伤，两者的收益是 –5 个单位，也就是产生 5 个单位的损失；如果一方“进攻”，另外一方“后退”，进攻的公鸡赢得了面子，获得 1 个单位的收益，而后退的公鸡输掉了面子，损失 1 个单位的收益，但没有两者均“进攻”受到的损失大；两者均“后退”，则均输掉了面子，各损失 1 个单位的收益。利用这些数值建立博弈模型，并用画线法求解，结果见表 7-5。斗鸡博弈存在两个纳什均衡点：(–1, 1) 和 (1, –1)，即对每只公鸡来说，最好的结果是，对方退下来，而自己不退，但是如此决策面临着两败俱伤的风险。

表 7–5 斗鸡博弈模型的纳什均衡解

公鸡甲的策略	公鸡乙的策略	
	进攻	后退
进攻	(–5, –5)	(1, –1)
后退	(–1, 1)	(–1, –1)

3. 纳什均衡解的意义

纳什均衡解表明了博弈各方都愿意保持的一种均衡状态，在这种均衡状态下，只要其他局中人不改变自己的策略，则任何一方单独改变策略只会带来对自己不利的结果，只有纳什均衡才能使每个局中人均认可这种结局，而且他们均知道其他局中人也认可这种结局。因此，纳什均衡的意义在于，它是关于博弈结局的一致性预测。而非纳什均衡的结局

并非一致性预测，如果局中人预测会出现非纳什均衡的结局，那么可能是由于局中人的预测相互不一致，也可能是由于局中人在估计别人的策略选择或极大化自己的收益预期时犯了错误。任何非纳什均衡的结局要成为协定都需要外在强制力量（道德、法律等）的介入，否则有的局中人将会有背叛协定的动机。而纳什均衡最重要的性质是“自我强制性”，局中人不需要就纳什均衡结局达成协议，不需要任何外力的约束，它自身就蕴含着保障实现的力量。

如果一个博弈模型只有唯一的纳什均衡解，我们就可以从理性的视角预测该博弈的最终结局，这种结局是博弈各方都愿意保持的均衡状态，囚徒困境和智猪博弈模型就是这方面的实例。而如果博弈有两个或两个以上的纳什均衡点，那么博弈既可以在任何一个均衡点上实现，也可以在非均衡点上实现，因此无法对博弈结果进行预测。例如斗鸡博弈共有四个可能的结果，但由于存在两个纳什均衡点，任何一个结果都可能出现。由于现实世界的复杂性，唯一的均衡点是不常见的，即使有，这种均衡也经常处于脆弱和不稳定的状态。因此，可以说，只要存在着竞争，我们就会面临着选择的困境。

纳什均衡为我们深入理解博弈的本质和进行博弈分析找到了一条理性的途径，可以说，利用纳什均衡去发现竞争中的均衡局势是几乎所有博弈分析的出发点。否则，世界就如同瞬息万变的河流，永远是不可捉摸、难以理解并无法把握的。

7.4 理性地应对竞争

我们处在一个充满高度互动和竞争的人类社会，参与竞争是每个人都必须面对的人生常态，而只要参与竞争，人们就无法逃脱遭遇竞争困境的命运。前述关于囚徒困境、智猪博弈和斗鸡博弈等博弈模型的分析，一方面让我们深刻地理解到人类追逐自身利益的本性导致了遭遇竞争困境的必然性，但另一方面，也让我们从中看到了应该如何应对竞争困境的一些契机。以下将从博弈规则、收益评判标准、竞争的外部环境以及博弈设计等几个视角来分析理性应对竞争困境的一些途径。

1. 博弈规则的力量

参与者、策略和收益是构成博弈模型的三个基本要素，但是其背后的决定性因素则是博弈规则。博弈规则限定了参与者的资格、参与者可使用的策略以及收益的分配原则。博弈规则决定了参与者的策略选择，并最终决定了博弈的结果。因此，善于利用博弈规则是理性应对竞争困境的一个基本途径。下面关于公地博弈的案例对此做出了较好的诠释。

有两家牧民共有山谷中的一块牧场，没有其他牧民与他们相争。如果在这片牧场放养 2000 只肉羊，那么所有的羊都能够养得膘肥肉嫩，卖出每只 300 元的好价钱，一共可以卖出 60 万元。

只要羊的放牧量不超过 2000 只，牧场就处于良性循环的状态，能够保持肥沃。但是如果羊的放牧量超过 2000 只，牧场自然恢复的良性循环就要被打破，土地肥力就要下降。如果放牧量达到 4000 只，地力损失会达到 30 万元，而如果放牧量达到 6000 只，因为过度放牧造成的地力损失相当于 40 万元。

在过度放牧的情况下，羊长不好，市场价格也就下降。当放牧量达到 4000 只的时候，每只羊只能卖 250 元；如果放牧量达到 6000 只，羊的质量进一步下降，每只羊只能够卖 200 元。按照这种情况，每户牧民放养 1000 只羊被视为适度放牧，每户牧民放养 3000 只羊则被视为过度放牧。

牧羊的成本主要来自购买羊羔和雇用牧工的费用，每只羊羔价格 50 元，每放牧一只羊一年要付给牧工 50 元。

假定每户牧民只有放养 1000 只羊的适度放牧策略和放养 3000 只羊

的过度放牧策略，那么两户牧民将如何选择放牧策略呢？

为此，两户牧民需要分别计算采用不同策略的收益。如果两家都适度放牧，那么每家秋后可以卖出 1000×300=30（万元），减去购买羊羔和雇用牧工的成本 10 万元，结果净利润是 20 万元；如果两家都过度放牧，那么每家秋后可以卖出 3000×200=60（万元），减去购买羊羔和雇用牧工的成本 30 万元，再减去每家分摊的地力损失 20 万元，结果净利润是 10 万元；如果一家过度放牧，另外一家还适度放牧，那么总的放牧量是 4000 只羊，适度放牧的那家秋后可以卖出 1000×250 =25（万元），减去购买羊羔和雇用牧工的成本 10 万元，再减去分摊的地力损失 15 万元，结果净利润是 0；此时，过度放牧的那家秋后可以卖出 3000×250 =75（万元），减去购买羊羔和雇用牧工的成本 30 万元，再减去分摊的地力损失 15 万元，结果净利润是 30 万元。

因此，两户牧民面临的博弈模型见表 7-6。

表 7–6　公地放牧博弈模型

牧民甲的策略	牧民乙的策略	
	适度放牧	过度放牧
适度放牧	（20, 20）	（0, 30）
过度放牧	（30, 0）	（10, 10）

不难看出，这个公地放牧博弈实际上是囚徒困境的翻版，利用画线法可以知道它存在唯一的纳什均衡解，即两家都过度放牧。所以，不论对方是否过度放牧，从自己的利益出发，总是要选择过度放牧策略。结果是一方面每家牧民的收益都显著降低，另一方面，牧场生态的良性循环也遭到破坏，最终要演变成荒漠。

那么，如何打破这一困境呢？

上述模型的博弈规则是两家牧民共有一块牧场。如果把牧场平分，并用铁丝网进行分割，这样，每家在自己的牧场适度放牧，不仅所有的羊都能够养得很好，卖出每只 300 元的好价钱，而且草地也能够良性循环。如果每家在自己的牧场过度放牧，那么养出来的羊每只只能卖 200 元，还要承担 20 万元的地力损失。通过计算，可以得到两家牧民面临的新的博弈模型见表 7-7。

表 7–7　新的公地放牧博弈模型

牧民甲的策略	牧民乙的策略	
	适度放牧	过度放牧
适度放牧	（20, 20）	（20, 10）
过度放牧	（10, 20）	（10, 10）

这一模型存在唯一的纳什均衡解，即两家都适度放牧。因为博弈规则改变后，产权明晰，自己的后果自己承担，所以尽管仍然着眼于自己的利益，但结果却大相径庭，这样就消除了公共资源过度使用的困局。

2. 转变价值观的意义

人们参与博弈的关键是要理解对方的想法，要充分分析对方的立场、观念和偏好等关乎价值观的要素，并运用这种理解来指导我们的行动，博弈模型中的收益函数就是这种理解的一种量化反映。在很多博弈中，收益往往表现为幸福感、荣誉感、成就感等一些与主观感受相关的得失，对这类收益如何进行量化则取决于人们的价值观以及由价值观决定的价值评判标准。可见，人们的价值取向对于博弈结果具有重要而深远的影响，因此，有些情况下，转变价值观念对于摆脱竞争困境将产生积极作用。下面以一个日常生活中的案例对此进行说明。

在生活中，我们经常看到一些家长任劳任怨为孩子操劳各种日常事务，却往往培养出不懂感恩和懒惰的熊孩子，正如古语所云“巧娘拙闺女”。如果将这些勤劳的家长和熊孩子视为参与博弈的双方，那么根据双方在处理日常事务中所持有的价值取向和评判标准就可以对不同情况

下的收益进行量化，具体结果如下：如果孩子的事务由家长来做，则家长认为天经地义，所以收益值为 0，而孩子享受劳动成果，收益值为 1；如果孩子的事务自己不做、家长也不做，则家长会产生愧疚感，所以家长的收益值为 –1，而孩子会认为无所谓，所以收益值为 0；如果孩子的事务由双方共同完成，由于家长的要求高，会对孩子的劳动不断批评指正，孩子感到自己受累却换来了批评，所以收益值为 –2，而家长也不满意，收益值为 –1；如果孩子的事务由自己独自完成，由于不如家长做得好，所以自己不满意，收益值为 –1。由此得到双方的博弈模型见表 7-8。

表 7–8　家长与孩子之间的博弈模型

家长	孩子	
	做	不做
做	（–1, –2）	（0, 1）
不做	（0, –1）	（–1, 0）

可以看出这一模型存在唯一的纳什均衡解，即孩子的事务自己不做而由家长做，孩子什么都不做是他的优势策略。因为不论家长做还是不做，孩子选择不做的收益都会高一些，而当孩子不做的时候，家长只有选择做才能使生活继续下去。

如果从有利于孩子成长的角度改变一下家长和孩子双方的价值评判标准，那么就会产生不同的结果。当孩子做事情时，如果家长能够给予积极的鼓励，并且也适度地参与其中，那么双方一起劳动将增进亲子之间的感情和相互理解，其乐融融，所以双方收益都是 1；如果孩子做事情时，家长不参与，但通过正面鼓励能够使孩子感受到劳动所带来的快乐和满足，而家长也会为此感到欣慰，则双方的收益都为 2；如果孩子的事务由家长来做让孩子感到愧疚，那么孩子收益为 –1，家长为 0；如果双方都不做，收益都是 0。由此得到新的博弈模型见表 7-9。

表 7-9　家长与孩子之间新的博弈模型

家长	孩子	
	做	不做
做	(1, 1)	(0, -1)
不做	(2, 2)	(0, 0)

这一新的模型的纳什均衡解是孩子的事务自己独立做而家长不做，不论家长做还是不做，孩子选择做的收益都会高一些，孩子独立做事是他的优势策略。在这种价值观的引导下，孩子和家长之间的亲子关系就会变得和谐与温馨。

3. 博弈中的“借力”

在现实中，身陷竞争困境中的局中人，很难依靠自身的力量来求得解脱，但有时借助外界的力量则可以很容易地破解困境。

20 世纪 60 年代，美国烟草行业的竞争异常激烈，各大烟草企业绞尽脑汁为自己做宣传，这其中就包括在电视上投放大量广告。当时，对于每个烟草企业来说，广告费都是笔巨额的开支，这些巨额的广告费会大大降低公司的利润。但是如果你不去做广告，而其他企业都在做广告，那么你的市场就会被其他企业侵占，利润将会受到更大的影响。这其中便隐含着一个“囚徒困境”：如果一家烟草企业放弃做广告，而其他企业继续做广告，那么放弃投放广告企业的利润将受损，所以只要有另外一家烟草公司在投放广告，那么投放广告就是这家企业的优势策略。每个企业都这样想，导致的结果便是每个企业都在大肆投放广告，即使广告费用非常高昂。如果每一家烟草企业都放弃做广告，则都省下了一笔巨额的广告费，这样利润便会大增。同时，都不做广告也就不会担心自己的市场被其他企业用宣传手段侵占。由此看来，大家都不做广告是这场博弈最好的结局。但是每个企业都有扩张市场

的野心，要想使得他们之间达成一个停止投放广告的协议几乎是不可能的事，而且商场如战场，兵不厌诈，即使一家企业遵守了协议，也不能保证其他企业会遵守协议。因此，这样一个“囚徒困境”很难通过烟草企业自身的努力得到化解。

1971 年，美国社会掀起了一场禁烟运动，当时的国会迫于压力通过了一项法案，禁止烟草公司在电视上投放烟草类的广告。但是这一决定并没有给烟草业造成多大的影响，各大烟草企业表现得也相当平静。这让人们感到不解，因为在美国有钱有势的大企业向来是不惧怕国会法案的，利益才是他们行动的唯一目标。按照常人的想法，这些企业运用自己的经济手腕和庞大的人脉资源去阻止这项法案通过才是正常的，但结果却正好相反，他们似乎很欢迎这项法案的推出。究其原因，原来这项法案将深陷囚徒困境多年的这些烟草企业解放了出来。

烟草企业一直想做而做不成的事情被政府用法律手段解决了，因为法律具有强制效力，所以不必担心同行企业违规，原来无法签订的协议被法律做到了。各大烟草企业不仅节省了一大笔广告开支，而且协议监督和执行的成本也由政府承担了。根据后来的统计，禁止在电视上投放广告之后，各大烟草企业的利润不降反升。

4. 改变竞争格局的博弈设计

大多数政治、经济或战争等方面的竞争活动，尽管渗透了人类的意图，但博弈局势的形成却是无法预期的。也就是说，这些博弈往往是自然形成的，在它们形成之前，人们无法预测博弈的参与者以及参与者的策略空间及其收益组合。但是，有一些博弈则是策略家们“设计与制造”出来的，此时博弈参与人、策略空间、收益结构，乃至于结局，尽在策略家的掌握之中。制造博弈就如同猎人利用陷阱捕猎动物。策略家设计与制造某个博弈的目的就是通过该博弈达到预想的目标，而该博弈的结果则在策略家的掌握之中。在“囚徒困境”这个博弈模式中，警察设下了一个“困境”，将两名囚犯置身于其中，而警察完全掌控着局面，最终使两名罪犯全部招供，警察得到了自己想要的结果。

在现实中，人们为了摆脱一些被动和不利局面，在不违背法律约束和道德准则的条件下，可以主动设计出困住对手的“囚徒困境”而让对手陷入被动。

假设你是一家手机生产企业的负责人，产品所需要的大部分零配件需要购买，而不是自己生产。现在某一种零件主要由甲乙两家供货商供货，企业每周需要从他们那里各购进 1 万个零件，进价同为每个 10 元。这些零件的生产成本极低，为了便于分析，将它们忽略不计。同时，你的企业是这两位供货商的主要客户，它们所生产的零部件大部分供给你的企业使用。

这样算来，每位供货商每周从你身上可以获得 10 万元的利润。这使你认为这种零件的进价过高，希望对方能够降价。但考虑到你与供货商之间的供需关系是平衡的，供货商不会主动打破平衡进行让利，所以通过谈判等常规途径不会达到降价的目的。那么，这种情况下应当采用什么手段呢？

如果你能人为地设计一种“囚徒困境”，让两家供货商陷入其中，进行博弈，最终就可能得到你想要的结果。你可以对两家企业宣称：如果哪家企业选择降价，便将所有订单都给这一家企业，使得这一家企业每周的利润高于先前的 10 万元。这样，两家企业便会展开一场博弈。假设你给出了每个零件 7 元的价格，如果一方选择降价，便将所有订单给降价方，这样，降价方每周的利润则会达到 14 万元，高于之前的 10 万元，但是不降价一方的利润将为 0，若是双方同时降价，两家的周利润则将都变为 7 万元。这种情形下的博弈设计模型见表 7-10。

表 7–10　两家供货商之间的博弈设计模型

供货商甲	供货商乙	
	降价	不降价
降价	（7, 7）	（14, 0）
不降价	（0, 14）	（10, 10）

这一模型的纳什均衡解是双方都选择降价。对于每一家企业来说，如果选择降价，周利润可能会降到 7 万元，如果运气好还有可能升至 14 万元；但是如果选择不降价，周利润可能维持在原有的 10 万元水平，也有可能降为 0。没有人能保证对方不降价，即使双方达成了协议，也不能保证对方不会暗地里降价。也就是说，对于每一家企业来说，在对方选择不降价的情况下，应该选择降价；在对方选择降价的情况下，更应该选择降价，因此，选择降价是一种优势策略。 两家企业都选择这一策略的结果便是每家企业的周利润降至 7 万元，而你的采购成本则会因此降低 30%。

第三部分

运筹学实践的艺术

在上一部分内容中，为了说明运筹学作为一门科学的基本内涵，所引用的问题都是非常清晰和明确的，所涉及的数据也都是非常完整的。然而，在现实中，人们遭遇的实际问题都是模糊或隐秘的，所需要的数据也都是不完善的。因此，在运用运筹学解决实际问题的时候，需要对存在的问题进行梳理和定义，对所需要的数据进行搜集和整理，并需要将问题的关键和本质内容进行抽象，通过建立运筹学模型加以解决。这些工作内容才是运筹学的精髓所在，而这需要丰富的经验和创造性才能完成。因此，虽然运筹学本身是一门科学，但运筹学的实践则是一门艺术，运筹学实践的艺术性也体现了其作为联结“物理学”和“事理学”的纽带和桥梁的特征。

运筹学作为一门科学的内容可以通过系统而富有逻辑的方式来学习，而将其作为一门艺术的修炼则只有依靠不断丰富的案例、创新性实践和不断累积的经验来进行。作为工程实践活动主体的工程师群体，如果能够积极完成运筹学实践的艺术修炼过程，有效汲取运筹学在解决工程实际问题过程中所体现的人类智慧，并将其作为拓展思维的引擎，就会不断开启重新认识世界和勇于创新的智慧旅程。

本部分内容将在阐明运筹学解决实际问题的基本方法的基础上，进一步阐述如何使运筹学实践成为一门艺术以及如何使其成为拓展工程师思维的引擎。

第 8 章　运筹学解决实际问题的基本方法

为了便于认识运筹学基本方法的全貌，以下将首先借助一个较为简单的实例进行说明，然后再结合一个较为复杂的实例进一步阐明运用运筹学解决实际问题的一般流程。

8.1　一个简单的实例

某公司现有三条生产线，由于原有产品出现销售量下降的情况，管理部门决定调整公司的产品线，停产不盈利的产品以释放产能来生产两种新产品。其中，生产甲产品需要占用生产线Ⅰ与生产线Ⅲ的部分生产能力，生产乙产品需要占用生产线Ⅱ与生产线Ⅲ的部分生产能力。管理部门需要对下列两个问题进行决策：

a）公司是否应该生产这两种产品？

b）若生产，则两种产品的最佳生产数量是多少？

显然，是否生产这两种新产品取决于其市场前景，市场部最新的市场调研表明，这两种新产品具有符合消费者需要的新特性，并且如果能按市场部的调查来定价，这些产品就会成为畅销产品，因此，建议尽快投入生产。生产部经过调查发现如果能调整一些产品的生产计划，确实能够释放一部分生产能力，应该能够满足生产一定数量新产品的要求。

问题就是，现有生产线的生产能力有限，需要决定在两种新产品间如何分配这些生产能力：是两种产品生产相等数量呢？还是大多用来生产其中一个？还是集中产能先尽可能多地生产一个产品，而把另一个产品推迟到以后生产？

问题就变为怎样制订两种新产品的生产计划才对公司最有利。

为此，公司成立了一个由市场部、生产部和设计开发部的相关人员组成的运筹学小组专门研究这一问题，以下说明了他们的基本工作内容。

运筹学小组首先对公司管理层进一步澄清了想要研究的问题，并共

同定义了需要决策的主要问题，即：根据生产能力的限制确定两种新产品每周的生产量，实现两种产品总利润的最大化目标。

接下来，运筹学小组确定了开展研究所需要的信息：

a）每条生产线的可用生产能力。

b）生产每一单位产品需要每条生产线多少生产能力。

c）每种产品的单位利润。

其中某些信息无法给出可靠的具体数据，需要进行估计，而为了尽量合理地估计这些数据，需要得到公司各个部门的协助。

生产部做出了涉及生产能力的估计：生产线Ⅰ除了继续生产当前的产品，估计每周能为新产品生产提供大约 4h 的可用时间；生产线Ⅱ每周大约有 12h 的可用时间；生产线Ⅲ每周大约有 16h 的可用时间。

而单位产品实际使用每条生产线的数据取决于产品生产率，根据生产部和设计开发部的估计，生产一个单位的新产品甲需要生产线Ⅰ 1h 和生产线Ⅲ 3h；生产一个单位的新产品乙需要生产线Ⅱ 3h 和生产线Ⅲ 4h。

经过对成本数据和产品定价的分析，财务部估计了生产两种产品的利润，预测新产品甲与乙的单位利润都是 2 万元。

总结以上主要数据见表 8-1，其中时间单位为小时，利润以万元计。

表 8–1　产品计划问题的数据表

生产线	生产单位产品所需时间 /h		生产线每周可用时间 /h
	产品甲	产品乙	
Ⅰ	1	0	4
Ⅱ	0	3	12
Ⅲ	3	4	16
单位产品的利润 / 万元	2	2	—

运筹学小组意识到这一问题是在生产线可利用时间受到限制的情形下来寻求利润最大化的产品生产计划的决策问题，需要通过建立数学模型才能解决。

首先，令：x_1 = 每周生产产品甲的数量；x_2 = 每周生产产品乙的数量；z = 每周生产两种产品的总利润（万元）。

这个问题就是要通过选择 x_1，x_2 的值使得 $z=2x_1+2x_2$ 的值最大，而它们的值受到三条生产线的有限的生产能力的限制，即两种产品在相应生产线上每周生产时间不能超过每条生产线的可用生产时间，根据表 8-1，有：对于生产线Ⅰ，应有 $x_1 \leqslant 4$，类似的，对于生产线Ⅱ，应有 $3x_2 \leqslant 12$，对于生产线Ⅲ，应有 $3x_1+4x_2 \leqslant 16$。

用数学语言概括这个问题的数学模型，即确定 x_1，x_2 的值，使：

$$\max z=2x_1+2x_2$$

$$\text{s.t.}\begin{cases} x_1 \leqslant 4 \\ 3x_2 \leqslant 12 \\ 3x_1+4x_2 \leqslant 16 \\ x_1 \geqslant 0, x_2 \geqslant 0 \end{cases}$$

这是一个典型的线性规划模型，可以很方便地进行求解。利用单纯形法求解结果是 $x_1^*=4$，$x_2^*=1$，$z^*=10$，即：最优生产计划方案是每周生产产品甲 4 个单位，产品乙 1 个单位，最大利润目标值为 10 万元。

在获得最优生产计划方案之后，运筹学小组还需要组织相关部门人员对模型和结果是否符合实际要求进行进一步的检验。如果不符合实际要求，还需要重复上述步骤以进一步完善模型。如果符合要求，就可以对方案进行具体实施，实施过程中还需要针对出现的各种问题进行不断的完善和调整。

8.2 进一步的理解

以上借助一个简单的实例说明了运用运筹学解决实际问题的基本方法，下面再结合一个较为复杂的实例以加深对这一方法的理解。

大陆航空公司（Continental Airlines）是美国一个主要的航空运输企

业，业务范围包括客运、货运和邮递。大陆航空公司每天要处理 2 000 架次以上的飞机起降，其中，国内航线 100 个以上，国外航线将近 100 个。

像大陆航空公司这样的公司每天都面临由于无法预测时间引起的航空时刻表被打乱的紧急事件，原因包括恶劣的天气、飞机机械故障以及员工的无效工作。造成的结果是员工可能无法到岗为其他的定期航班提供服务。航空公司必须重新安排员工以满足航班的需求并将打乱的时刻表恢复正常，该过程既要考虑成本的节约，又要遵守所有的政府规定、合同义务并保证基本生活条件需求。

为了解决该问题，大陆航空公司的一个运筹学团队建立了一个大型的数学模型，一旦发生紧急情况，应用该模型可以在调度失败时快速地对航班机组人员进行再分配。由于航空公司有数千名员工，每日的航班也有数千个，该模型需要能够考虑所有可能的员工和航班匹配。该模型有上百万个决策变量，同时有几千个约束。由于模型需要在失败发生时被及时应用，所以建立了被称为 CrewSolver 的决策支持系统，用于整合模型与表示当前运作情况的大量内部存储数据。CrewSolver 由一个机组人员协调者输入有关调度失败的数据，然后使用图形用户界面寻求航班人员再分配的解决方案。

在该模型应用的第一年（主要是 2001 年），该模型被成功应用了 4 次（两次暴风雪、一次洪水及“9.11”恐怖袭击事件），拯救了航空时刻表被打乱的紧急情况。该模型节约了近 4000 万美元。随后的应用被扩展到了许多日常性的小型紧急事件中。

尽管其他的航空公司随后应用运筹学来解决类似的问题，但是大陆航空公司的模型较其他航空公司能够更快地从被打乱的时刻表中恢复正常，并且延迟和取消的航班也较少。这种优势使大陆航空公司在 21 世纪最初几年整个航空业艰苦时期的竞争中保持了相对有利的地位。由于在该领域的创新，大陆航空公司于 2002 年在表彰运筹学和管理学成就的 Franz Edelman 奖的竞争中获得了令人瞩目的一等奖。

8.3　运筹学解决实际问题的基本流程

通过对各种案例的考察，无论所涉及的问题是简单还是复杂，运用运筹学解决实际问题的基本方法都可以概括为这样一个基本流程：问题定义→建立模型→模型求解→模型验证→解决方案实施。下面将分别介绍。

（1）问题定义。首先，由于实际问题边界模糊，而且情况不确切，运筹学小组的首要工作是对问题进行定义。

问题定义是在对问题和所处的系统进行深入观察分析的基础上进行的，工作内容主要包括：明确所研究问题的过去与未来、问题的边界、环境以及包含这个问题在内的更大系统的有关情况；确定决策问题的三个基本要素，即确定合适的决策目标、归纳出制订决策时在行动和时间等方面的限制、确定各种可能的行动路线或方案；采用有效手段收集解决问题所需的相关数据等。问题定义过程是至关重要的，因为它对研究结论的意义有重大影响。从“错误”的问题中，很难得出“正确”的答案。

（2）建立模型。在问题被明确定义之后，下一阶段就是将这个问题以便于分析的模型形式进行表示。

模型（model）是与原型（prototype）相对应的，原型是指在现实世界里人们所关注研究或者进行生产管理的实际对象，模型则是为了某个特定目的将原型的某一部分信息进行简缩、提炼而构造的原型替代物（图 8-1）。模型有各种形式，根据模型替代原型的方式来分类，模型可以分为形象模型和抽象模型。前者包括直观模型、物理模型等，后者包括思维模型、符号模型、数学模型等。模型飞机、肖像、地球仪等是日常生活中常见的模型，在科学和商业领域广为熟知的模型包括原子模型、遗传结构模型、物理运动定律或者化学反应方程式以及地图、组织

图等。这些模型对于抽象问题的本质、表明研究对象之间的相互关系以及促进对问题的深入分析等方面具有无法估量的重要价值。

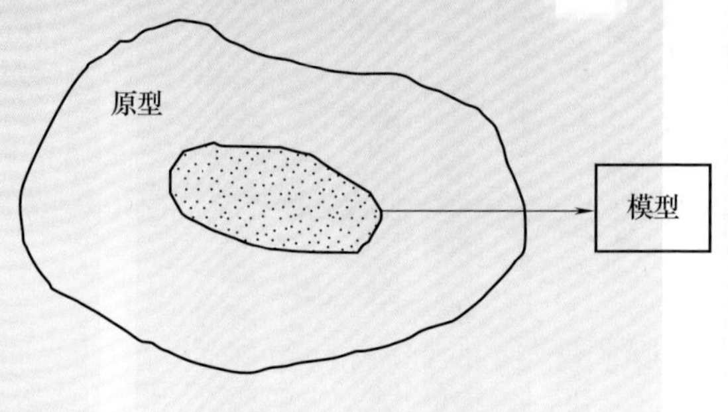

▲ 图 8-1 模型与原型

运筹学强调应用数学模型方法来研究现实世界中的各种问题，主要是指运用数学的概念、逻辑、方法对所研究对象的性质和规律进行量化研究，它不仅包括建立研究对象的数学模型，更重要的是仿照数学的逻辑思维方法建立一整套科学的公理化体系。数学模型是将现实对象的信息加以翻译和归纳的产物，它源于现实，又高于现实，因为它用精确的数学语言表述了对象的内在特性。实践表明，数学模型不仅可以作为重大工程问题研究和数量分析的科学工具，而且也是政策、决策和工程效果验证的有效实验手段。数学模型不仅能为揭示特定的数量关系提供科学有效的工具和手段，而且也能够通过自身的思维特性和在整个历史过程中不断发展并确定下来的全部通用思维方法与手段来影响人的思维活动，提高人的认知能力。马克思曾说过："一门科学只有成功地运用数学时，才算达到了完善的地步。"因此，运筹学建模一般都力求采用数学模型，并且以此作为衡量模型研究水平的重要标志。

运筹学研究所建立的数学模型通过对实际问题的抽象概括和严格的逻辑表达，能够有效地描述决策问题中可控的决策变量、不可控变量、工艺技术等约束条件以及决策目标之间的相互关系。如果产生的模型恰好是某种标准的数学模型，比如线性规划模型，通常可以利用已有的算法求解。反之，如果数学关系太复杂而求不出解析解，就可能要简化模型并使用启发式方法，或者考虑模拟的方法。在某些情况下，还需要将数学的、模拟的以及启发式的模型相结合，来求解一个决策问题。

（3）模型求解。在所考虑问题的模型被建立之后，运筹学研究的下一个阶段是求解模型，即用数学方法或其他工具对模型求解。

与问题定义和建模相比，它是一个相对简单的步骤，通常是开发基于计算机的程序，并在装有大量软件包的计算机上运行。根据问题的要求，可分别求出最优解、次最优解或满意解；依据对解的精度的要求及算法上实现的可能性，又可区分为精确解和近似解等。目前运筹学教材中的算法主要是求最优解，实际上管理问题的解只要满意或对最优解足够近似即可。近年来发展起来的启发式算法和很多软计算方法（如遗传算法、模拟退火法、蚁群算法等）成为求解运筹学模型的重要工具。此外，由于实际问题的复杂多变，在对模型找出一个或多个解之后，往往需要对模型中参数的变化进行灵敏度分析（或称优化后分析），以便为管理者提供出现各种可能情况的相应决策建议方案。

（4）模型验证。模型验证是为了检查所提出的模型是否体现了决策者真正的意图。将实际问题的数据资料代入模型所得到的解是模型的解。由于模型只是对实际问题的理想化近似，一些大型模型难免会包含各种缺陷，模型需要不断完善。为了检验得到的解是否正确，常采用回溯的方法，即将历史资料输入模型，研究得到的解与历史实际的符合程度，以判断模型是否正确。当发现有较大误差时，要将实际问题同模型重新对比，检查实际问题中的重要因素在模型中是否已被考虑，检查模型中各公式的表达是否前后一致，检查模型中各参数取极值情况时问题的解，以便发现问题时对模型进行修正。

（5）解决方案实施。解决方案的实施是很关键但也是很困难的一步。实施一个经过正确性检验的模型的解，需要把得到的结果转换成能

让人明白的操作程序，下达给相关的管理人员。如果模型需要重复使用，那么应当将模型、求解程序以及用于实施的操作程序进行系统性集成。即使人员发生变化，系统仍会定期提供特定的数值解。有些情况下还需要建立基于计算机的决策支持系统，以辅助管理者使用数据和模型，并支持他们的决策。

在上述流程中，第（3）步“模型求解”的内容最明确，也是在运用运筹学解决实际问题中最容易实现的，因为这一步骤主要是针对特定的数学模型，而其他步骤的实现更多的是一门艺术，而不是一种理论。其中，前两个步骤，即定义问题和建模，可以认为是让运筹学实践成为一门艺术的两个基本着力点。

第 9 章　运筹学实践的艺术

作为决策的工具，运筹学既是一门科学，更是一门艺术。说它是一门科学，是因为它充分运用了数学技术的优势；而说它是一门艺术，则是因为它解决实际问题的有效性取决于运筹学小组的丰富经验和创造性。努力让运筹学的实践成为一门艺术是一种长期的修炼过程，也是工程师学习和运用运筹学的一个终极目标，在这种努力的过程中，他们将获得经验、创造性以及思维智慧的不断提升。

如前所述，运筹学解决问题基本流程的前两个步骤，即定义问题和建模，可以认为是让运筹学实践成为一门艺术的两个基本着力点，以下将首先对此进行详细阐述，然后在此基础上提出关于如何理解运筹学家的思维艺术的一些观点。

9.1　定义问题的艺术

在现实中，通常并没有像教科书中描述的现成的问题和数据等着运筹学团队，让他们用某一种方法来解决问题。因此，首先要做的是观察分析所研究的问题和相关联的系统环境，并对被研究的问题做出详细的定义。定义问题阶段的主要工作内容包括：确定合适的决策目标、明确制订决策时在行动和时间等方面的限制、确定各种可能的行动路线或方案以及收集解决问题所需的各种相关数据。

定义问题是解决问题最为重要的一个环节，但也是非常困难的一个过程。在解决问题的过程中，运筹学小组通常扮演着顾问的角色，需要为决策者提供满意而合理的建设性方案。他们既要考虑决策者的真实意图，也要考虑各级部门、企业员工、供应商等相关方的利益要求以及政府的各项政策和社会所赋予的各种责任，同时要兼顾长期目标与短期利益、全局目标与局部利益等各种矛盾之间的协调与均衡。正确而有效地定义问题是使运筹学的工程实践成为一门艺术的一个基本着力点，需要

运筹学小组的经验和创造性，当然也需要团队合作以及与人沟通等方面的技巧。

在定义问题的过程中，对于经验和创造性这样无形的艺术性因素，很难规定具体的做法。但通过对各种案例的考察和分析，还是可以总结出一些有意义的通用性原则，下面将结合具体实例进行介绍。

（1）有经验的运筹学工作人员总是首先通过深入而系统的观察分析来发现一些可能引起问题的非技术原因，而不是一开始就急于着手解决问题。

在印度的某钢铁厂，主要生产流程是先用铁矿石炼出钢锭，然后用钢锭制造钢条和钢梁。理想情况下，应该让钢锭在离开熔炉后立即用于钢梁的制造，这样就可以减少重新加热的成本。但该钢铁厂的钢锭从生产出来到运送至下一个生产环节总是要花费很长的时间，因此，企业管理者决定成立一个运筹学小组解决这一问题。开始，这个问题被看成一个生产线均衡问题，为解决这个问题，要么减少钢锭的产量，要么提高制造过程的能力。但运筹学小组并没有急于建立模型，而是决定首先对生产情况进行细致的考察。他们调查了每天三班的生产时间和产量，然后将数据进行汇总，并绘制了比较直观的图表。经过分析发现，即使第三班工人从晚上 11 点开始工作，大部分的钢锭仍是在早上 2 点至 7 点生产出来的。进一步调查还发现，第三班工人喜欢在刚接班时多休息一会儿，因此造成了产量的不均衡。最终，问题的解决方案是，让第三班工人在整个工作期间的钢锭产量变得“均衡”。

在上述案例中，运筹学小组通过观察分析，发现问题的源头出自第三班工人接班时休息时间过长这一非技术因素，从而避免了利用复杂方法解决简单问题所可能引发的不必要浪费。为了加深理解，下面再看一个案例。

某工厂的几个部门共用 3 辆货车运输原材料，并按照先到先得的原则安排用车。然而，这几个部门都抱怨等待服务的时间太长，并要求再增加第 4 辆车。为此，运筹学小组展开了研究。首先对一段时间内的货车使用情况进行了统计，显示每日的利用率并不高。通过进一步调查发现，这些货车平时停在一个不容易看到的停车场，派车员因为看不到这些车，就认为没有车可派，从而就不进行安排。因此，结论是不宜增加第 4 辆车。最后，在停车场和各部门之间使用了双向无线电联络，这个问题就迎刃而解了。

（2）运筹学小组要尽可能吸收不同知识和经验的人员参加，甚至是一些非专业领域的人员。一个全球性的食品公司按照一定的工业规模生产某种饼干，结果发现大批饼干的边缘出现烤糊的情况。生产部门的工程师们在分析了生产流程和工艺后，拟在生产的最后阶段配上一台边缘处理机，以便把烤糊的部分清理干净。这个方案成本高又不甚完美，为此公司成立了由不同部门人员参加的研究小组。一个来自其他部门的化学专业工程师提出了改变面粉类型的解决方案，因为作为食品原料的面粉可分为高筋粉、中筋粉和低筋粉，不同类型的面粉因蛋白质含量不同，在烘焙过程中对烘焙温度的反应就不一样，如果能够选择一种适应特定焙烧温度的面粉，其制成品就不会出现糊边。

相比较而言，之前的方案相形见绌。如果还让原来生产部门的工程师们来思考其他的解决办法，可能不会得到这样一个成本低而有效的解决方案，因为他们很难跳出原有的设计思路。而通过集思广益，就会收到意想不到的效果。下面的案例也很好地表明了这一点。

在某大型办公楼里，人们经常抱怨电梯服务太慢。运筹学小组一开始觉得这是一个等待队列规划问题，可能需要运用运筹学的排队论分析或模拟的方法来解决。在对产生抱怨的人的行为进行研究后，小组里的心理学专家提议，在电梯口安装一些落地镜子。这一建议被采纳后，产生了不可思议的效果：原来的那些抱怨随之消失了，因为人们在等待电

梯时会去照镜子而忽略了等待的时间。

实际上，要求运筹学小组吸收不同领域专家的观点和做法在世界上第一个运筹学小组成立时就已经提出并得到了贯彻，这个小组就是第 2 章中提到的“布莱克特马戏团”。

（3）确定解决方案的关键是考虑人的行为，而不是技术。一个美国、加拿大联合专家小组运用运筹学方法对英国某机场值机柜台的实际情况进行了研究和分析，他们提出了一项旨在提升旅客满意度的方案：在适当位置放置一些指示牌，以便于那些离登机时间不足 20 分钟的紧急旅客可以直接排到队首，申请即刻办理登机手续。但这一方案并没有产生应有的效果，因为大部分旅客是英国人，他们“习惯于非常严格地遵守排队纪律”，不愿意插到其他排队旅客的前面。尽管在上述排队问题中专家小组所提出的方案可能是完全正确的，但他们并不了解美国人和英国人之间的文化差异，因此导致所建议的解决方案以失败告终。

运筹学所涉及的问题通常都是包含人的某些活动规律在内的问题，在解决这类问题的过程中，社会科学方面的专家强调应该将对人的行为的关注放在首位，其次才是相关的技术或产品。而工程师群体往往与之相反，倾向于将技术或产品放在第一位，然后才是用户或其他相关联的人。下面的案例很好地体现了这一点。

RAV4 是丰田汽车公司生产的一款运动型多功能车（SUV），20 世纪 90 年代中期在美国市场首次推出时，连一个杯架也没有。为了帮助丰田的总工程师理解这一产品方案的缺陷，一位美国经销商开着这款 RAV4，把他带到当地的 7-11 便利店并买了一杯 32 盎司（1 盎司 =28.35g）的滚烫的咖啡递给他。总工程师接过咖啡非常高兴，日本人很喜欢喝热饮料，他低头喝着咖啡，不想把杯子放下。但喝完咖啡，这位总工程师终于意识到：啊！没有地方放杯子，这款车缺少杯架。这一案例中，经销商巧妙地将总工程师本人置于用户的位置，使其通过真实体验来理解产品方案的缺陷。

从传统上看，工程师群体习惯于以想当然的方式去理解他人的想法，在解决问题时会形成孤立、机械或冰冷的态度和方式。因此，工程师群体应当积极吸收并借鉴人类学智慧所带来的启示，善于采用更加明智的方法以超越自身思维的局限性。

（4）确保问题的基本要素能够得到有效的度量。运筹学强调应用抽象的数学模型来描述现实世界中的各种问题，通常需要建立问题中决策变量、工艺技术等约束条件以及决策目标之间的量化关系，因此，在问题定义阶段需要确保这些基本要素能够得到有效的度量。

美国旧金山警署为了提升社会治安水平曾组建运筹学小组，针对巡警值班与调度工作进行了优化研究。小组根据警署对巡警的工作要求，确定了三个优化目标：① 维护市民的高度安全；② 保证警官的高昂士气；③ 运行成本最小。但这些目标都是含义宽泛的定性化描述，没有可以进行定量考核的有效标准。为此，运筹学小组经过进一步调研，最后确定了能够使三个目标得到有效度量的方案：针对第一个目标，警署联合市政府共同建立了一个期望的安全水平；通过平衡警官的工作量来保证第二个目标；最后通过确立优化的巡逻制度，在满足前两个目标基础上，以较少数量的警官来实现低成本运行。

（5）要确保所描述的每一项内容都正确、清晰，且具有可操作性。如前所述，定义问题阶段需要明确的主要内容包括合适的决策目标、制订决策时在行动和时间等方面的限制、确定各种可能的行动路线或方案以及解决问题所需的相关数据，对每一项内容的描述都不能是粗略的和模糊不清的，不能因为歧义和误解而失去有效性。

某工程设备企业的一份有关企业策略的文件中写道："公司今年的一个主要目标就是减少产品的故障次数。"针对这样的描述，只要认真思考就会发现，有两种极端的解决方案可以迅速达到这个目标。一种极

端的方案是规定每种产品只允许出现一次故障，对于任何一个出故障的产品都不去维修。另一种极端的方案是：如果从来不出售或不使用系统，则自然能够达到最低的故障次数，即零故障。显然，这项策略没有得到正确而清晰的描述，而且不具有可操作性。

造成这种情况的主要原因是在制订策略时将减少产品的故障次数作为孤立的目标来考虑，而没有深入思考影响该目标实现的各种因素。比如，应当做这样的思考：如果减少了故障次数却对产品的其他性能造成不良影响，那么这种影响的程度在多大范围内是可接受的？而这种可接受程度应当在目标的描述中有所体现，才能使其具有可操作性。因此，上述企业策略目标的描述是不合适的。

（6）善于探索收集数据的有效方法。收集问题的相关数据是定义问题阶段的一个重要内容，如果不能获得所需要的数据，就无法获得对问题的充分理解，也无法为下一阶段的建立模型提供所需的输入。通常，一些数据在研究的开始阶段并不能被获得，运筹学小组需要在组织中其他关键人员的辅助下，来追踪所需要的重要数据。还有一些数据只能基于粗略的猜测，是非常不精确的，需要运筹学小组花费大量的时间来提高数据的准确度。因此，找到收集数据的有效方法是运筹学小组无法忽视的重要问题。

近些年来，随着数据库的大量使用及其容量爆炸式的增长，对于大多数企业来说，收集数据的难题并不是所获得的数据太少，而是拥有太多的数据。可能有成千上万的数据源，数据总量将以千兆字节甚至是万亿字节为单位来计算。在这样的环境下，定位相关数据会变成一项非常繁重的任务。数据挖掘方法（data mining）是在大型数据库中搜索所需数据的一种有效技术，常用来解决收集数据的难题。下面的案例较好地说明了这一点。

由于不断受到来自于收取极低交易费用的电子经纪企业的威胁，美林公司（Merrill Lynch）进行了一项庞大的运筹学研究，即：如何将资产完整服务按资产值固定百分比收费的方案拆分为完全按服务内容收取较低费用的方案。在该项目的研究中，数据收集和处理起到了关键作用。为了分析各类客户行为对不同方案的影响，运筹学小组需要组合 200 千兆字节客户的数据库。数据库中含有约 500 万客户、1000 万个账户、1 亿单交易和 2.5 亿条底账记录，这些数据需要从大量产品的数据库中经过合并、过滤和清理才能得到。数据挖掘技术对此做出了重要贡献，这项研究的成果带来了一年增加近 500 亿客户资产的吸引量和近 8000 万美元的收益。

9.2 建立模型的艺术

与定义问题一样，建立模型是运筹学研究中的关键步骤，是将实际问题、经验、科学方法三者有机结合的创造性的工作，因此，建立模型是使运筹学实践成为一门艺术的另一个基本着力点。以下将根据对各种实际经验和案例的考察和分析，总结出一些对运筹学建模的艺术实践具有一定启发和借鉴意义的通用性原则。

（1）明确构造模型的目的。著名经济学家琼·罗宾逊夫人曾表示“一比一的地图是无用的”。模型不是原型原封不动的复制品，一比一地复制既不现实，也毫无用处。原型有各个方面和各种层次的特征，而模型只要求反映与某种目的有关的那些方面和层次。明确构造模型的目的是正确建立模型的基础。

放在展厅里的飞机模型应该力求外形上的逼真，但出于节约成本等方面的考虑，一般不要求具备飞行的功能。而参加航模竞赛的飞机模型则要具有良好的飞行性能，但在外观上不必苛求。至于在飞机设计、试制过程中用到的数学模型和计算机模拟模型，则只要求在数量规律上真实反映飞机的飞行动态特性，毫不涉及飞机的实体。可见，构造模型的目的决定了模型的基本特征。

（2）确定合理的抽象水平。模型是通过对现实世界中的研究对象进行科学合理的抽象，以便于对研究对象的某种属性或运行规律进行分析和理解。任何形式的模型都具有一定的抽象性，数学模型则具有更高的抽象性。数学模型方法不仅要抛开事物的次要属性，突出事物的本质属性，而且要舍弃事物的物质和能量方面的具体内容，只考虑其数量关系和空间形式，同时还要把这些数据关系和空间形式做进一步的抽象，加以形式化和符号化，以便能够进行逻辑推理。抽象的水平（或者称为与原型的近似程度）直接影响建模的难易程度和分析结果的精度。在建立实际问题的模型时，需要根据建模目的确定合理的抽象水平。下面将通过具体的案例加以说明。

某制造公司按订单生产各种塑料制品，当生产部门收到一份生产订单后，需要通过公司的库存或外购获得必要的原材料，当完成批量生产后，销售部门负责向客户分销这些产品。在这一过程中，该公司需要面对的一个重要问题是决定生产批量的大小。为了建立这个问题的数学模型，需要确定影响产量水平的变量，并在这些变量与产量水平之间建立函数关系。通过对生产部门、原材料部门和销售部门构成的整个系统进行考察后，发现有许多变量都与生产水平直接相关。例如，与生产部门相关的变量是：用现有机器、工人工作时间、半成品库存量以及质量控制标准表示的生产能力；与原材料部门相关的变量是：现有原材料库存量、采购供货安排、库存限量；与销售部门相关的变量是：销售预测、分销能力、广告促销能力和竞争效果。

这些变量都直接影响公司的产量水平，而要想在这样数量众多的变量与产量水平之间建立起明确的函数关系是难以完成的。考虑到该问题所涉及的产量并不需要非常高的精度，因此，可以通过进一步的抽象使建模得到简化。

经过深入分析，发现可以用生产率和销售率两个主要变量来近似描述实际系统。计算生产率要用到生产能力、现有原材料库存量等变量，销售率则可以利用与销售部门有关的变量算出，因此，利用这两个变量就可以度量产品库存量的剩余或不足，而库存量过剩或库存量短缺会引起库存成本的变化。因此，决定生产批量大小的问题就转化为以库存的总费用最少为目标的最优化决策问题，这样，通过选取生产率和销售率为决策变量，以库存限量和质量控制标准为约束条件，建立一个决策模型就比较容易了。

（3）建模时要避免各种形式的主观臆断。模型是现实系统的某种表征，人们希望建立一个比现实系统远为简单，但又可用的、有足够精度的模型，以利于对现实系统的解释和预测。虽然模型是有价值的，但如果在建模时对各种条件变化不进行深入细致的考虑，而仅凭主观臆断，则可能会产生很多意想不到的不良后果。

工程师常犯的一个错误是：臆断在某一水平下有效的模型在不同的尺度下也会同样有效，其实不一定如此。建筑工程师约翰·库普拉纳思（John Kuprenas）和建筑师马修·弗雷德里克（Matthew Frederick）曾为此做出下面发人深省的感悟：

设想一个工程师团队试图建造一匹“超级马”，其高度是正常马的两倍。可是建成后，他们发现这匹马只是一只问题不断、效率低下的怪兽。它不仅是正常马的两倍高，也是正常马的两倍长和两倍宽，因此整体重量为正常马的8倍。但其静脉和动脉的横截面积仅为正常马的4倍，导致心脏的工作强度为原本的两倍。马蹄的表面面积为正常马的4倍，于是与正常马相比，每只脚的单位表面面积必须支撑两倍的重量。最终，他们不得不把这个病态的动物杀掉。

（4）善于运用各种逻辑思维方法完成建模的创造性工作。建立数学模型是一种积极的思维活动，其中既有逻辑思维，又有非逻辑思维。从认识论角度来看，建模是一种极为复杂且需要很强应变能力的心理活

动，既没有统一的模式，也没有固定的方法，因此，是一种创造性活动。建模一般都要经过分析与综合、抽象与概括、比较与类比、系统化与具体化等过程，从逻辑思维角度来看，抽象、归纳、演绎、类比等形式逻辑思维方法在这些过程中被大量采用。这些逻辑思维方法对于完成建模这样具有创造性的工作具有不可估量的重要意义，下面以类比的思维方法在运筹学中的运用为例对此进行说明。

类比是在两类不同的事物之间进行对比，推出若干相同或相似点之后，推测在其他方面也可能存在相同或相似之处的一种思维方式。由于类比是从人们已经掌握了的事物的属性，推测正在研究中的事物的属性，所以类比的结果是猜测性的，不一定可靠，但它具有发现的功能，是创造性思维的重要方法。

20 世纪初，由于电话的出现，通话需求与通话服务供给的平衡问题成了研究的热门。丹麦数学家爱尔朗（A.K.Erlang），在物理学家吉布斯（J.W.Gibbs）统计平衡概念的启发下，运用类比的思维，将统计平衡概念借用过来，建立了电话呼叫生灭过程的类比模型。

爱尔朗将电话系统呼叫的生与灭（即发生与结束）与封闭系统热分子的渗透扩散相类比：一个呼叫的发生，好像一个热分子从液体扩散进入封闭系统，而一个呼叫的结束，又好像一个热分子从气体渗透到液体中。这样，他就借用热力学统计平衡模型建立起电话呼叫的统计平衡模型。这一模型的建立标志着排队论的诞生，随着研究的不断深入，排队论逐渐发展为一门研究随机服务系统的理论，并成为运筹学的一个重要组成部分。

（5）正确认识模型的不完美。由于客观世界固有的复杂性，大量的实际问题都不可避免地存在着模糊性、不确定性、无样本性和信息的不充分性，很难完全使用量化的形式进行描述，这就使数学模型的建立和分析受到许多因素的制约。因此，数学模型也往往存在以下缺陷：

①对事物的科学抽象不合理；②模型的结构形式不合理；③遗漏重要变量使模型失真；④模型过于复杂而难以求解；⑤模型参数取值困难或取值不准确，影响计算结果的可信性和可靠性。

这从一方面表明，在实际中没有一个运筹学模型是完美无缺的，建模的过程应当是一个反复迭代的过程，需要多次修正和改进，才能获得一定程度上令人满意的模型。而从另一方面看，依靠对研究对象的现有认识和数学工具，单凭定量化的模型方法并不一定能真实反映研究对象的性质和运动规律，因此，定量研究还必须与定性研究结合起来。

为了深入分析和解决问题，要力求建立数学模型，但由于数学模型固有的不完美性，又不能单纯依赖于数学模型。每一个数学模型都因为假设而受到限制，并因为把现实简化为简单的数学方程而受到批评。对此，有学者指出：在工程意义上，简单的模型就算不“正确”，也还是非常宝贵的，实际上，所有最好的模型在某种意义上都是错误的，但它们提出了带有启发性的抽象概念，因而即使是错误的，也是卓有成效的错误。

9.3 运筹学家的思维艺术

运筹学实践的艺术最终要体现为运筹学工作人员的思维艺术，然而，实际上很难找到关于运筹学家们如何思考方面的有意义的研究，因为关于运筹学家们的思维艺术更多体现在经验和直觉上，很难用语言表达出来。但为了帮助初次接触运筹学的工程师尽快理解如何像运筹学家一样思考的一些诀窍，以下将试图通过对运筹学前辈的一些杰出工作和不同领域的成功案例的探究来阐释运筹学人员思考问题的一些独特之处。

1. 洞见事物表象背后隐藏的逻辑

第二次世界大战初期，德国潜艇在大西洋上对进出英国的商船进行狼群式袭击，商船损失率与日俱增，战略物资供应告急，军方派出

驱逐舰编队护航，但效果不佳。为此，军方邀请了莫尔斯教授（W.P. Morse）组成反潜运筹学小组，研究减少商船损失的应对策略。在莫尔斯的指导下，首先对1941—1942年间军舰护航的相关情况进行了统计，梳理出影响商船损失率的三个关键参数：船队规模 M、护航舰艇数目 C、敌方潜艇数目 N，并将每次护航过程中三个参数的具体数据和所对应的商船损失数量 K 进行了整理（见表9-1）。

表 9-1　军舰护航情况的统计数据

船队规模 M	20	30	39	48
交战次数	8	11	13	7
护航舰艇数目 C	7	7	6	7
敌方潜艇数目 N	7	5	6	5
商船的损失数量 K	6	6	6	5

从直观上看，表中数据显示商船的损失数量 K 与船队规模 M 无关，而与护航舰艇数目 C 和敌方潜艇数目 N 有关，C 和 N 基本保持一个常数，商船的损失数量 K 也基本上是一个常数。这说明在敌方潜艇数目不变的情况下，增加护航舰艇数目 C 可以降低商船的损失数量，但这样的研究结果并不令人满意。根据直觉和经验，莫尔斯认为需要对数据进行进一步的分析。为此，他计算了商船损失率 K/M，发现这一指标表现出随着船队规模 M 的增加而依次降低的趋势（见表9-2），这说明扩大船队规模是非常有利的。

表 9-2　新的统计数据

船队规模 M	20	30	39	48
商船的损失数量 K	6	6	6	5
商船损失率 K/M	0.3	0.2	0.15	0.1

研究报告递交到军方相关部门，军方决定扩大商船编队，与此同时增加护航舰艇，护航舰艇的增加提高了敌方潜艇的击沉率，致使德军认

为攻击护航船队是得不偿失的，于是将潜艇转移到其他战场去了。由于补给通畅，逐渐扭转了大西洋战场的格局。

莫尔斯教授凭借长期工作所形成的直觉和经验，洞察到直观统计数据背后可能存在着某些未被发现的规律，并利用量化分析找到了这种规律，充分体现一个运筹学家的思维艺术。

现实世界中的问题并不像教科书中所预先设计的问题那样清晰明了，往往是模糊的，让人无法看清其真实面目。面对这些模糊的问题，运筹学家们总是不轻易下结论，而是尽力思考如何透过事物的表象去发现那些隐含的逻辑和规律，表现出了独特的洞察力和思维智慧。下面一个同样出自二战时期的经典案例也很好地诠释了这一点。

第二次世界大战初期,英国商船在地中海受到德国空军的强烈狙击，于是在船上装备了高射炮，由于人员紧缺，只能配备未经良好训练的炮手。结果没能击落几架敌机，于是引发了广泛的争议：这是不是在浪费资源？如果把高射炮配备在其他地方或许更有效率。

为此，运筹学小组收集了装备高射炮以来的数据，直观的统计显示仅仅击落了4%的敌机，效率确实不高。但运筹学小组并没有止步于此，而是展开了进一步的研究，并获得了新的统计结果：高射炮开火时商船的被击中率是8%，而不开火时的被击中率是13%；高射炮开火时商船的沉没率是10%，不开火时的沉没率是25%。

这说明高射炮开火干扰了敌机的命中率，即使命中，也很少打中要害部位。评判是否应该安装高射炮不应该以敌机击落率为目标，而应该以商船沉没率为目标，商船安装高射炮以后，沉没率由25%下降到10%，因此，配备高射炮是一个成功的举措。安装高射炮的目的是什么？不是消灭敌人，而是保护自己。

2. 积极探求可以施展“运筹”手段的空间

对福特汽车公司来说，用于验证新型设计的原型车是每年投资中的

一大成本项目，为了检测在实际运行环境中汽车各系统之间的相互作用，组装原型车是必不可少的。但是一台原型车的造价通常至少要 25 万美元，而一个复杂的车辆开发计划往往需要 100 台以上的完整的原型车，有时，在产品开发过程中，这个数量甚至会达到 200 台以上。福特公司意识到可以尝试采用运筹学的技术来帮助公司找到最有效地利用原型车的方式，这种方式应当确保在不降低测试的高品质要求的同时能够有效地降低成本。

运筹学的规划技术是解决这类问题的有效手段，但需要找到施展“运筹”技术手段的空间，也就是说，需要首先判断是否存在保证不降低测试品质要求的条件下而降低成本的可能性，而且要求这种可能性足够大，否则就失去了规划的意义。

为此，福特公司在美国 Wayne 大学接受培训的工程管理与运筹管理方面的经理们组织了一个特别研究小组。他们发现，很多测试情形中原型车大多数时间都在等待各种测试而处于闲置状态，因此，提高原型车的利用率是节约成本的可行之道。要让各系统的设计团队共用这些闲置的原型车，困难之处在于确定可满足所有测试需要的一组原型车的最优数量。为了减少用于验证车辆设计的原型车的数量，同时保证进行必要的测试，福特公司在 Wayne 大学的这个小组开发了一个叫作“原型车优化模型”（Prototype Optimization Model，POM）的模型。通过运用 POM 及其相关专家系统来预算、规划和管理原型车测试进程和保证测试的完整性，福特每年减少原型车成本达 2.5 亿美元以上。

尽管 POM 最初只是从一个学习团队的项目起步，最终却成为福特产品开发战术计划和战略计划中不可或缺的一个部分。这个模型能够显著地缩短计划过程，并为协调项目预算与工程设计提供了一个框架，其创造的新方法已经成为原型车利用方面的全球性标准。POM 项目也为福特公司其他接受培训课程的学生团队开辟了一条道路，为他们在公司的关键决策及其程序中创造性地运用运筹学技术提供了范例。

找到可以施展“运筹”技术的有效空间是运筹学技术取得成功的前提，也是激发运筹学工作人员努力思考的动力，福特公司在 Wayne 大学的研究小组的成功经验很好地说明了这一点。下面的案例进一步展示了运筹学人员如何通过积极拓展能够实施“运筹”技术的空间来争取最大限度的效益。

1996 年，Visteon 底盘系统公司新建了一条生产线，来生产正在被市场追捧的四轮驱动货车和运动型汽车的前轴。需求很快变得势不可挡，在第一年内就远超过公司的预计产量，每一个车轴的短缺都代表着具有高额利润的 F 系列赛车、福特远征汽车或者林肯领航者的销售损失。为增加前轴的生产能力，Visteon 开始考虑是应该扩展现有的生产线，还是应该增加一条新的生产线，并且很快意识到解决这一问题需要借助运筹学中的决策分析技术。

Visteon 的运筹学团队通过调研认为现有生产线的效能还有提升的余地，可以通过整合车间基层的信息系统以提高操作能力来实现。因此，为了能够拓展实施“运筹”技术的空间以争取实现更大的效益，他们提出将改进现有生产线效能和增加新生产线的设计任务两者整合起来并行推进的方案，在提升生产能力的同时能够最大限度地降低投入成本。为此，他们专门研发了一种战略决策支持系统。采用新系统后，在 1997 年 1 月—1998 年 7 月间，工厂的前轴产量增加 144496 个，提高生产能力 30% 以上。同时，决策支持系统帮助 Visteon 设计了一条具有更高生产能力的新生产线，并且在安装新生产线方面节约了 550 万美元的费用，也让 Visteon 节约了原计划用于改良生产线的 1000 万美元投资。

Visteon 副总裁 Ray Schafart 指出：“在下一代制造系统设计过程中，他们所做的一切确实使我们获益颇多，不但在安装新生产线上节约了 550 万美元的费用，而且也避免了我们因做出错误的改进原有系统的决

策而可能发生1000万美元投资的损失。他们带来的节约是实实在在的，对我们的客户的影响是非常积极的。”管理员Mike Newbury补充道：“我们的顾客需要不断提高的质量、越来越低的价格和越来越好的性能，如果没有在制造车间部署运筹学技术，我们根本无法在这个行业取得如此大的成功。”

3. 由“最优”调整为“满意”

回顾第3章伊拉克战场燃油供应问题的案例，可以发现，在解决问题的过程中，道格拉斯团队所建立的各种模型并不能完全代表美国海军陆战队真实的燃油消耗情况，而只是对真实情况的模拟。但根据这样的模拟模型所做出的预测结果远远优于现有的预测方法，与真实情况也很接近，由此制订的决策方案虽然不是最优的方案，但非常符合实际需求，结果也是令人满意的。而如果道格拉斯团队或美国海军陆战队一味地要求真实性和最优性，不仅会极大地提升解决问题的时间和成本，而且最终只能令各方都陷入困境。善于将解决问题的目标由“最优”调整为“满意”，既是现实的需要，也体现了人们的思维智慧。

追求完美、追求卓越是人类的一种内在价值取向，人类智慧正是在这种追求极致的过程中得以呈现和发挥，并进而得到不断升华和完善。然而，作为具有有限理性的生物，人们通常不能完全正确、客观地理解世界，因此，在现实世界中，人们很难做到尽善尽美，至多做到满意。关于最优与满意之间的差别，诺贝尔奖获得者赫伯特·西蒙（Herbert A. Simon）（图9-1）是这样解释的：假定你拥有一瓶酒，这瓶酒年代越久越香，但最

▲图9-1　赫伯特·西蒙（Herbert A. Simon）

终还是要决定何时打开来喝，追求满意的人会选择在未来某个合适的时间把这瓶酒打开喝掉，而追求最大化的人却永远不会打开它。可见，追求最好可能会导致一种思维困境，而最终结果往往会导致对一些宝贵资源的浪费，因此，从某种意义上可以说“最好”是“好”的敌人。

实际上，任何科学研究都无法做到尽善尽美，无法完美地描述客观世界的“真实”状态和规律。例如，物理学的研究建立在真实系统的模型的基础之上，但不追求绝对的“真实”。没有人见过电子，物理学家也不能解释“真实”的电子到底是什么样子。在量子力学中，自由电子被描述为 $e^{i(kr-wt)}$，是动量为 $(h/2\pi)|k|$ 的一种普通波。这真的就是电子的存在形式吗？物理学家们能够回答的就是，利用这样的表达式所得到的计算结果与实验测量值完全吻合。这就是科学领域中“真实”的真正含义。

追求真实、寻求最优永远是我们的理想，但我们永远都只能在这种追寻的路上，永远不会到达终点。作为运筹学工作人员，要善于从追求问题最优解的思维困境中解脱出来，转而追求问题的满意解。这种转变既是面对现实的合理要求，也是保证问题能够得到解决的有效方式。

然而，在由“最优”调整为“满意”的过程中，如何把握“满意”的尺度是一个无法回避的问题，也是对运筹学工作人员思维智慧的一个考验。下面通过分析提出一个衡量这种“满意”程度的指标。

由于实际问题的模糊性和复杂性，运筹学解决问题一般无法在一个流程完成，而是要经过多次迭代。运筹学解决实际问题的基本方式是首先根据对实际问题的描述和所搜集的数据等信息建立模型，然后通过对模型进行分析和求解获得答案，找到问题的答案之后还需要进行进一步检验，如果这些结果是满意的就接受该方案，如果不满意就要对问题重新进行描述和更新数据，并进入建立模型、分析求解等新一轮迭代过程，往往要通过多次迭代，才能获得满意方案。对问题的分析和求解都是基

于所建立的模型，而非实际问题本身。然而，模型和实际问题之间不可避免地存在差距，不可能在所有细节上都与现实情况完全符合，两者之间或多或少地存在某种程度的距离，通常把这种差距称为模型 - 现实差（Distance to Reality，DTR）。图 9-2 是对运筹学解决实际问题的基本方式和 DTR 的一个简单说明。

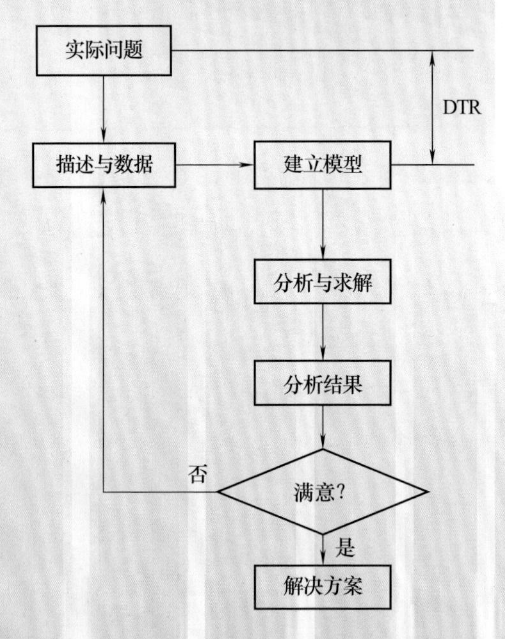

▲ 图 9–2　运筹学解决实际问题的基本方式

事物运行所遵循的各种规律通常是隐秘而不外显的，需要运用科学方法才能揭示出来，而科学方法则因人类的有限理性必然存在着各种局限，这迫使人类在决策时需要简化自己的目标，使选择空间缩小到一个可计算的范围，同时也要接受随之产生的 DTR。

DTR 通常是由于实际问题的复杂性而产生的，从第 3 章对备件问题的分析中我们已经可见一斑。为了对这样的复杂问题进行科学分析，通常建模和求解过程中都要采取一些简化和近似的方法。比如，在研究可靠性问题时，通常要假定部件的特性一直保持不变而不随时间发生“老化”；在研究维护和更新问题时，通常要假定维护所需的时间很短而加以忽略；在分析系统的某一部分时，通常要假定这一部分是独立的、与系统的其他部分无关，就像其他部分都不存在一样；为了使问题简化，通常把结构复杂的一些部件组合在一起，当作特性更为简单的单个部件处理。

在建模和求解的过程中，运筹学小组需要明确能够产生DTR的各种因素，需要召集多学科工作人员对这些因素对DTR的影响程度进行量化分析。可见，在这种分析过程中，可以间接得到对上述“满意”程度的估算。

从科学发展的角度看，对事物运行规律的探索最终要依靠逐步积累的数据和事实的支持，在很大程度上，测试和量化分析是我们观察世界、认识世界并与现实世界互动的基本手段，也是解决DTR困扰的基本途径，通过不断进入搜集数据、建立模型、分析求解和测试检验的迭代过程，我们的满意程度也会不断提高。

第10章　成为“创新的运筹学思考者”

工业社会的进步需要具有优秀数学思维技能的人才，学习和掌握运筹学对于人们提升数学思维技能具有重要意义。而对于工程师群体而言，他们关注的重点并不是拥有运筹学专家一样高深的理论功底和技能，而是要善于运用运筹学的量化分析方法和思维模式来解决实际问题，善于在跨学科的项目团队中发挥有效作用，并积极尝试用新的方式看待问题，掌握将旧方法运用于解决新问题的技能。

在跨学科项目团队中，拥有这样的运筹学思维技能的工程师所发挥的作用虽然不能与运筹学专家相比，但由于工程师对与物理对象相关的科学技术的作用和局限的理解更加深刻，因而他们在参与各类决策的过程中所发挥的作用往往具有独特性和创新性，这里，我们不妨将这类工程师称为“创新的运筹学思考者”。

如果工程师能够成为“创新的运筹学思考者”，将有助于突破学科和思维方式的局限，促使自身蕴含的创造力发挥到极致，并可能将遇到的困难转化为创新的机遇。下面将从三个方面阐述能够帮助工程师成为“创新的运筹学思考者”的基本方法。

10.1　善于发挥运筹学思维模式的力量

运筹学思维模式的主要特征就是为了寻求问题的最佳方案需要从全局化视角出发去探索问题的全貌并有效利用数学分析方法去揭示问题的本质，使我们能够洞见在问题混沌和嘈杂的表象之下所隐含的秩序和逻辑，引导我们对问题进行更透彻的考量，从而做出最有利的决策，前面所引用的运筹学案例都充分证明了这一点。然而，运筹学思维模式所隐含的力量不仅表现在能够帮助我们透彻分析问题并做出最有利的决策，还表现在能够引导我们去探索现有事物背后所隐含的某些规律，并引发一些创新性的发现。这对各行各业的工程师提高创新能力都具有重要意义。下面通过一个有趣的例子来说明这一点。

动物是一个复杂的生物系统，在漫长的进化及对环境的适应过程中，逐步形成了相对合理的结构与功能。医学家与动物学家在做比较解剖研究时发现：一些善于奔跑的动物，如猎豹、狗及人，其后肢（下肢）主动脉与支脉的分支角的大小，似乎有某种相似性。实证研究难以解释其机理。经过长时间的探索，用系统论的观点与方法给出了一种理性的解释。其突破的关键在于：将心脏引入分析范围内来讨论，即不再单纯考虑动物的后肢，而是将心脏与后肢作为一个系统加以考虑。

心脏是输运血液的“泵”，它在这些动物和人类的寿命期内从不停歇。心脏克服血管对血液的层流阻力及黏滞阻力将血液送向各器官、各部分，并循环往复。因此，研究人员猜测：所观察的血管分支角具有使心脏在相应范围内遭遇的阻力最小的特征。于是建立并求解了相应的模型，并将求解所得结果与解剖实测结果相比较，比较结果显示两种结果相差不大。因此，表明研究人员的猜测是成立的。

所建立的分析模型如图 10-1 所示，AD 表示后肢主动脉，DC 表示支脉，θ 表示分支角。令主动脉半径为 r_1，长度为 l_1；支脉半径为 r_2，长度为 l_2; l_0 表示 C 点到 AD 延长线的垂直距离; θ_0 表示 AC 与 AD 的夹角; 主动脉、支脉对血液的阻力系数分别为 R_1 与 R_2(单位长度上的阻力)。所研究问题就是建立数学模型并求出使 AD 及 DC 上血流总阻力最小的分支角 θ^*。

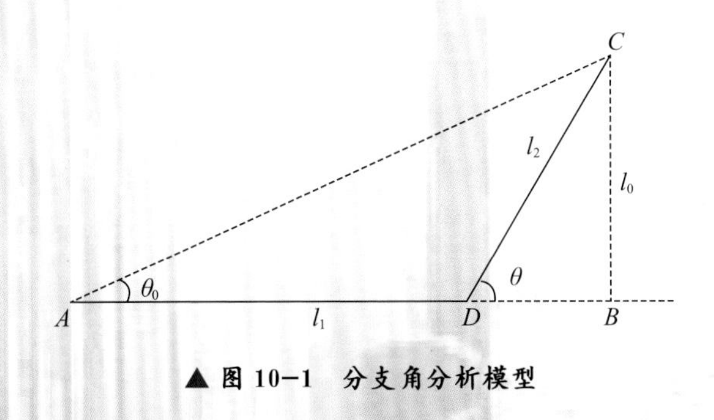

▲ 图 10-1　分支角分析模型

建立数学模型和求解的过程如下：

设总阻力为 F，则有：

$$F=R_1l_1+R_2l_2$$

由几何关系，可将上式改写为

$$F=l_0\left[R_1(\cot\theta_0-\cot\theta)+R_2\frac{1}{\sin\theta}\right]$$

根据流体力学，可知：$R_1=K_{r_1}^{-4}$，$R_2=K_{r_2}^{-4}$。

其中系数 K 与流体性质有关，为已知。则可得：

$$F=\frac{K_{l_0}\cot\theta_0}{r_1^4}+K_{l_0}\left(\frac{1}{r_2^4\sin\theta}-\frac{\cot\theta}{r_1^4}\right)$$

求极值，即令 $\frac{\mathrm{d}F}{\mathrm{d}\theta}=0$ ，得：

$$K_{l_0}\left(\frac{-\cos\theta}{r_2^4\sin^2\theta}+\frac{1}{r_1^4\sin^2\theta}\right)=0$$

解出唯一的驻点，并可判定为极小点：

$$\theta^*=\arccos\left(\frac{r_2}{r_1}\right)^4$$

经验证，θ^* 与解剖实测结果相近。

10.2 跳出“盒子”的思考

迈克尔·米哈尔科在《破解创造力》一书中指出：“当你的注意力集中在某一主题上时，头脑中有一些思维模式会被高度激活，并主导你的思想。无论你怎么努力，这些模式只会产生意料之中的想法。事实上，你越努力，相同的模式就变得越强大。但若你改变关注的焦点，就会激活不同寻常的模式。”通过有意识地改变思考的焦点，可以帮助人们跳出思维框架的限制，从而引发人们的创意，有学者将这种方式形象地称为跳出“盒子”的思考（图 10-2）。

▲图 10-2 跳出“盒子”的思考

通常，由于学科设置的局限性和工作内容的制约，工程师的知识结构往往偏重于“物理”方面，在思考问题时往往出于对特定技术或头脑中固有模式的偏爱而选择决策方案，而这往往也成为制约工程师发挥创造力的一个重要因素。在思考问题时，工程师如果能够有意识地跳出由固有的知识结构和特定的技术或模式偏好所限定的思想框架，即进行跳出“盒子”的思考，对于发挥创造力则具有重要意义。

如前所述，运筹学强调从全局化视角出发去探寻解决问题的方案，要求人们努力将视野拓展到一个更高的层面，以一种鸟瞰的方式对问题进行更透彻的考量。这种方式具有帮助人们改变思考焦点的作用，从而实现跳出“盒子”的思考。历史上，由于人们将视野从所关注的问题本身拓展到更高层面而激发出来的发明创造比比皆是。例如，为了解决人们的用水卫生问题，列奥纳多·达·芬奇从当时人们普遍考虑的如何有效接近新鲜水源地的问题中跳出来，转向思考如何将水从水源地输送到人们面前这样一个更高层面的问题，他由此产生了利用机器进行抽水的创意并设计出了世界上第一个现代供水系统；为了提高汽车的生产效

率，亨利·福特从考虑如何使工人们快速进入指定工位进行汽车装配的问题中跳出来，转向思考如何将汽车装配的整个过程与工人操作进行高效集成这样一个更高层面的问题，他由此产生了将装配工作送到工人们面前的创意，并设计出了世界上第一条汽车生产流水线。

运筹学的工程实践作为一门艺术，实现数学模型求解的每一个步骤大都取决于运筹学小组人员的丰富经验和创造性。无论在定义问题、建立模型的过程中，还是在解决问题的实践过程中，如果工程师能够将视野拓展到一个更高的层面，并积极进行跳出"盒子"的思考，就会跳出固有的思维框架，发现创造性解决问题的各种潜在机会。因此，工程师参与运筹学实践的过程也是一个带动自身不断跳出固有思维框架、发挥创造力的过程。

21 世纪初，瑞典首都斯德哥尔摩（图 10-3）交通拥堵非常严重，几乎到了失控的程度。在高峰时段，路面拥堵得就像发生了爆炸，各种

△ 图 10-3 斯德哥尔摩市区

延误持续性增多，生产力陷入瘫痪，人们变得越来越沮丧。被称为“北方威尼斯”的斯德哥尔摩分布在14座岛屿和一个半岛上，为将这些岛屿联为一体，已经建设了70余座桥梁。为应对这一交通挑战，一个直观的办法是再建一座桥，以提升容纳能力，这种策略过去一直在起作用。但斯德哥尔摩市政府的官员们决定坐下来认真思考，他们随即成立了交通问题工作小组，并聘用了来自IBM的工程师团队作为顾问。

为了解决这一难题，工作小组决定首先要全面了解和掌握城市交通的真实状况。为此，IBM工程师团队在全城范围内总共安装了43万个传感器来监控交通，收集数据并拍摄了85万张照片。基于这些信息，再通过对所有交通节点和貌似无关的许多瓶颈进行数学分析，最后建立了全系统模型。通过如此细致用心的努力，工作小组获得了对实际交通系统状况的全面认识。在获得这一认识之后，工作小组却没有沉溺于考虑如何通过建立桥梁或新增道路的方法去改善交通状况，而是转向了更高层面的问题，即如何从交通系统整体的层面去改善交通状况。最后，提出了一项颇具创新性的解决方案，即应该对高峰时段使用现有桥梁和公路的通勤者收取堵车费。而且，工作小组提出的堵车费收取方式也是充满创新的。他们决定将高峰定价收费与城市交通治理建立系统性的联系，即将通行费收入用于城市道路系统和其他设施的维护。为此，建立了一个全新的电子基础设施：车牌与电子账户或便利商店账户关联，以便付款之用。

这种全新的交通治理方式极大地影响了公众行为和通勤过程，取得的成效也令人惊叹。在2006年新方案试推广期间，斯德哥尔摩的交通拥堵指数下降了20%~25%。候车时间平均减少了1/3，甚至将近一半。公共交通也重新开始流行。该方案有效地减少了数十万出行车辆，碳和其他颗粒物排放量也大幅度下降。2007年，斯德哥尔摩通过全民公投，实施永久性拍照收费系统。瑞典的成功经验受到普遍关注，亚洲、欧洲

和北美的许多城市都开始计划实施堵车费方案。

运筹学基于全局化视角的思维模式是其多学科交叉特点的一个具体体现，而且组建多学科团队也是完成运筹学工作的一个基本原则，贯彻这一原则也非常有利于实现跳出“盒子”的思考。

1941年，希特勒为实施在英伦三岛登陆的计划，命令德国空军轮番对英国狂轰滥炸。当时英国皇家空军以1:7的数量劣势迎战，为尽可能使飞机处于飞行状态，空军司令部规定保持70%的飞机在空中巡逻。由于飞机和飞行员的损失以及维护的需要，该决策的后果是：在空中飞行的飞机越来越少。那么，究竟应当保持多大比例的飞机巡逻才能维持持久作战呢？这个问题交给了当时的一个运筹学小组。小组中的数学家和物理学家积极着手研究这个问题，但都没有取得成效。后来，一个生物学家提出可以参照计算生物平均寿命的方法来解决这个问题。这一提议让大家豁然开朗，并很快从原来的研究思路里跳了出来。最后，利用飞机飞行时间、维修时间、空战特点以及飞机被击落击损等数据建立了分析模型，得到的结论是：仅需保持35%的飞机在飞行状态，就能使全部飞机的飞行战斗时间最多。这个研究成果为保存英国空军的作战实力做出了重要贡献。

10.3 努力探寻工程师与运筹学深度融合所孕育的创新契机

随着经济发展与科学技术的不断进步，各行各业所涉及的管理与决策的物理对象的构成日益复杂，规模日渐扩大，所处的环境日趋多变，运行与管理的难度也日益加大。为了更加有效地应对这种复杂态势，要求各行各业的决策人员既懂“物理”，又明“事理”，并能够将二者有机地融合起来，而运筹学的工程实践正是实现这种融合的有效载体。由于工程师对与物理对象相关的科学技术的作用和局限的理解更加深刻，工程师的参与将极大地促进运筹学工程实践的深度和广度，对于探索基于技术与管理和谐发展的决策方法将具有重要意义。同时，更为重要的是，运筹学工程实践的深入发展会孕育出更多的创新机会，而工程师则是探索和发现这些机会的最佳人选，也是实现这些创新的最佳实践者。被誉为科学管理之父的弗雷德里克·泰勒可以称为这些实践者中的先驱。

如前所述，采用定量化的科学手段对工程实践活动进行管理构成了运筹学的一个重要起源，科学管理方法的不断发展构筑了现代运筹学不断发展的基石，而弗雷德里克·泰勒为此做出了杰出的贡献。泰勒在19世纪后期正值工人和资本家之间的关系严重激化的时代参加工作，从机械工人到总工程师的工作经历使他能够看到提高生产效率是解决劳资矛盾真正切实有效的途径，并将一生的大部分时间都致力于此，最终不仅成就了科学管理之父的崇高荣誉，而且对机械制造加工业的标准化做出了开创性的工作。

泰勒还有一项非常重要的开创性成就，即他还是高速工具钢的发明者之一。这是他作为工程师从毕生所致力于的科学管理研究中所衍生出来的一项创造性成果。可以说，泰勒的这一成就为现代工程师在运筹学的工程实践中探索和发现创新机会树立了一个标杆和典范。

为了提高金属切削效率，同时制定出有科学依据的劳动定额，从1881年开始，泰勒在米德维尔钢铁厂进行了一系列的金属切削试验（图10-4）。初期的切削试验在一台直径为66in（1in=2.54cm）的镗床上进行，用统一质量的硬质钢作为切削工具，试验时需要测定在切割钢铁时所使用的工具应以怎样的角度和形状为佳，同时还要测定切割钢铁的恰当速度。通过日复一日地进行切削，期望从中摸索出制作、成型和使用切割工具的科学方法，以提高金属切削的效率。在开始这些试验时，泰勒以为试验不会超过6个月，但结果大大超出他的预料，试验断断续续进行了26年，一直到伯利恒才最终完成。由于初步的试验取得了显著的成效，后来，又陆续配备了10台试验机器，共记录了3万~5万次试验，

把 80 万磅以上质量的钢铁切成了碎屑，共耗费了 15 万 ~20 万美元的经费。试验结果不仅为工作标准化、工具标准化和操作标准化的制定提供了科学的依据，而且研制发明了能大大提高金属切削效率的高速工具钢。

▲ 图 10-4　泰勒与金属切削试验

在高速钢出现之前，刀具材料主要是高碳钢（如 T10A），其切削速度比较慢，通常在 10m/min 以下。而高速钢出现后，切削速度可达到 30m/min。故发明时根据其能高速切削（相对于以前的刀具）的特点，起名叫高速钢，又称锋钢，俗称白钢。高速钢的工艺性能好，强度和韧性配合好，因此主要用来制造复杂的薄刃和耐冲击的金属切削刀具，也可制造高温轴承和冷挤压模具等。

高速钢发明的具体时间是在 1898 年，当时所确定的高速钢成分为：0.67%C、18.91%W、5.47%Cr、0.11%Mn、0.29%V、余量 Fe，与后来广泛采用的 W18Cr4V 成分非常接近。高速钢刀具的金属切削效率比之前用的碳素工具钢刀具提高了好几倍，为美国当时的机械工业生产赢得了巨大的经济效益。

另外值得一提的是，泰勒以其杰出的贡献吸引了许多追随者。这些追随者在泰勒研究工作的基础上承续着进一步的创新，其中之一就是巴思。巴思通过对泰勒收集的各种切削数据进行深入的分析研究，发明了一种切削计算尺，称为巴思计算尺（图 10-5），使不懂数学的人也能在不到半分钟的时间里就求出切削速度或其他参数。

泰勒集伟大的工程师与科学管理之父两种身份于一身，为科学管理以及机械制造加工工业领域的发展都做出了开拓性的杰出贡献。他不仅是科学管理领域人们所崇拜的先行者，也是工程师们的学习楷模。

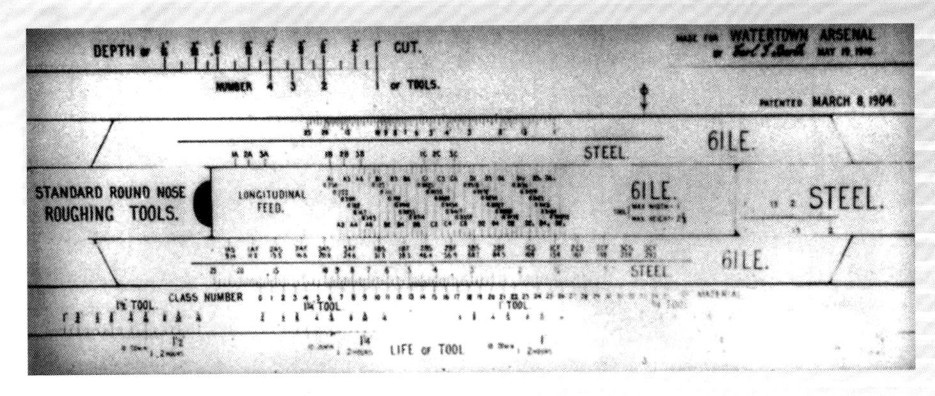

▲ 图 10-5　巴思计算尺

参考文献

[1]FREDERICK S H，GERALD J L. 运筹学导论 [M]. 9 版 . 北京：清华大学出版社，2010.

[2]HAMDY A T. 运筹学基础 [M]. 10 版 . 北京：中国人民大学出版社，2018.

[3] 胡运权 . 运筹学基础及应用 [M]. 6 版 . 北京：高等教育出版社，2014.

[4] 杜比 . 蒙特卡洛方法在系统工程中的应用 [M]. 西安：西安交通大学出版社，2007.

[5] 徐玖平，胡知能 . 运筹学：数据 · 模型 · 决策 [M]. 北京：科学出版社，2006.

[6] 郝英奇 . 实用运筹学 [M]. 北京：中国人民大学出版社，2011.

[7]GURU M. 转向：用工程师思维解决商业难题 [M]. 北京：中信出版集团，2016.

[8] 焦宝聪，陈兰平 . 运筹学的思想方法及应用 [M]. 北京：北京大学出版社，2008.

[9] 董肇君 . 系统工程与运筹学 [M]. 3 版 . 北京：国防工业出版社，2011.

[10] 王晨 . 思维起搏器：运筹学在生活中的应用 [M]. 北京：经济管理出版社，2014.

[11] 苗雨君 . 管理学：原理 · 方法 · 实践 · 案例 [M]. 2 版 . 北京：清华大学出版社，2013.

[12] 马良 . 走进优化之门：运筹学概览 [M]. 上海：上海人民出版社，

2017.

[13] 曹勇 . 应用运筹学 [M]. 2 版 . 北京：经济管理出版社，2008.

[14] 蒋文华 . 用博弈的思维看世界 [M]. 杭州：浙江大学出版社，2014.

[15] 卜兴丰 . 博弈论 [M]. 北京：团结出版社，2018.